# 中文版 Flash CC 动画制作

主　编　胡国锋
副主编　蔺　莉　高金锋

电子工业出版社
Publishing House of Electronics Industry
北京·BEIJING

## 内 容 简 介

Flash CC 是 Adobe 公司推出的一款功能强大的动画制作软件,是动画设计界应用最为广泛的一款软件,它将动画的设计与处理提高到了一个更高、更灵活的艺术水准。

本书从动画设计与制作的实际应用出发,通过大量典型实例的制作,全面介绍了 Flash CC 在动画设计与制作方面的方法和技巧,内容主要包括文字特效动画、鼠标与按钮菜单特效、Action 动画实例、交互动画与课件、网络广告动画和游戏制作。

全书内容安排由浅入深,语言通俗易懂,实例题材丰富多样,每个操作步骤的介绍都清晰准确。本书可作为广大动画制作爱好者的学习用书,也可作为广大设计人员的参考用书,还可作为大、中专类院校职业教育用书或者相关行业的培训教材,对有经验的 Flash CC 使用者也有很高的参考价值。

未经许可,不得以任何方式复制或抄袭本书之部分或全部内容。
版权所有,侵权必究。

**图书在版编目(CIP)数据**

中文版 Flash CC 动画制作 / 胡国锋主编. —北京:电子工业出版社,2016.6
ISBN 978-7-121-28992-7

Ⅰ.①中… Ⅱ.①胡… Ⅲ.①动画制作软件 Ⅳ.①TP391.41

中国版本图书馆 CIP 数据核字(2016)第 125937 号

策划编辑:祁玉芹
责任编辑:张瑞喜
印　　刷:中国电影出版社印刷厂
装　　订:中国电影出版社印刷厂
出版发行:电子工业出版社
　　　　　北京市海淀区万寿路 173 信箱　邮编　100036
开　　本:787×1092　1/16　印张:23　字数:589 千字
版　　次:2016 年 6 月第 1 版
印　　次:2016 年 6 月第 1 次印刷
定　　价:56.00 元(含光盘 1 张)

凡所购买电子工业出版社图书有缺损问题,请向购买书店调换。若书店售缺,请与本社发行部联系,联系及邮购电话:(010)88254888。
质量投诉请发邮件至 zlts@phei.com.cn,盗版侵权举报请发邮件至 dbqq@phei.com.cn。
服务热线:(010)88258888。

Flash CC 是美国 Adobe 公司推出的矢量动画制作软件,是当今最为流行的网络多媒体制作工具。它在多媒体设计领域中占据着不可替代的地位,广泛应用于动画设计、多媒体设计、Web 设计等领域。

本书通过精选案例详细讲解了使用 Flash CC 制作动画的方法和技巧。既能让具有一定动画设计经验的读者迅速熟悉动画制作,也能让具有一定动画设计能力的读者加强动画制作的理论知识,使完全没有用过 Flash CC 的读者能够从精选案例的实战中体会 Flash 动画制作的精髓。

## 本书特点

- **完善的知识体系**

本书的知识点涵盖了 Flash CC 在绝大多数动画制作中常用的工具,是介绍在动画制作中运用软件的初、中级教程。

- **通俗易懂,易于入手**

本书在介绍使用 Flash CC 进行动画设计的时候,先通过"知识讲解"介绍相关基础知识,在读者掌握基础知识后,再通过"同步训练"中的案例进行实战应用。通过这样的学习步骤,读者可以很容易理解各种工具与知识在实际动画中的作用。对于初学者以及具有一定基础的中级读者来说,只要按照书中的步骤一步步地做起,就能够在较短的时间内掌握 Flash 动画设计的精髓。

- **内容全面**

全书共 16 章,分为 2 部分。第 1 部分为第 1～第 11 章,系统地讲解了 Flash CC 动画制作的基础知识与基本技能。内容包括熟悉 Flash 的工作环境,图形的绘制,填充与编辑图形,Flash 中的文本处理,帧、图层与场景的编辑,Flash 中的基础动画,元件、库和实例,滤镜的使用,声音和视频的导入与使用,Action Script,动画的优化与发布。第 2 部分为第 12～第 16 章,通过 5 章的综合典型实例,详细地讲解了 Flash CC 在动画设计与制作中的实际应用。内容包括文字特效动画,鼠标与按钮菜单特效,遮罩特效动画,网络广告动画,贺卡制作。只要读者认真按照书中内容一步一步地学习,就会轻松地从不会操作到熟练操作,从不懂应用到完全精通。

- **操作性强**

本书除了通过大量的实例进行讲述外,还配有"专家提示"、"新手注意"、"知识链接"

等小栏目，对于操作中的"重点"步骤，还加以提示与注意，并且提供了全书配套的实例素材源文件及结果文件。读者在学习时，可以打开相关文件进行同步操作与练习。

- 专业性强、锻造动画制作高手

本书由从事动画制作的资深设计师精心编著，融会了多年实战经验和设计技巧。本书实例均来自实际的动画类型，阅读本书相当于在工作一线实习。

### 适用读者群

- 动画设计与制作相关专业的大中院校师生
- 动画制作相关行业的设计人员
- 想自学成才的、对动画制作有浓厚兴趣的读者
- 所有想快速掌握 Flash CC 软件基础知识并用于实际动画制作的读者

本书由一线专业设计人员朱敬、胡国锋、蔺莉、高金锋、杨伏龙、张欣、张陆忠、罗黄斌、乔婧丽、曾繁宇、刘文敏、宗和长、余婕、张亚兰、陈正荣、娄方敏、徐友新、叶飞、许丰华、汪明主持编写，他们具有丰富的设计经验，在此表示感谢。由于编写时间仓促，书中难免有疏漏与不妥之处，欢迎广大读者来信咨询指正，我们将认真听取您的宝贵意见，推出更多的精品计算机图书。

编　者

# 目录 CONTENTS

## 第 1 章 熟悉 Flash 的工作环境 ··············································································· 1

- 1.1 知识讲解——认识 Flash 动画 ············································································ 2
  - 1.1.1 Flash 动画概述 ····················································································· 2
  - 1.1.2 Flash 动画的特点 ··················································································· 2
  - 1.1.3 Flash 动画的应用领域 ············································································· 3
- 1.2 知识讲解——熟悉 Flash CC 的工作界面 ······························································ 5
  - 1.2.1 启动与退出 Flash CC ············································································· 5
  - 1.2.2 开始页 ································································································ 5
  - 1.2.3 菜单栏 ································································································ 6
  - 1.2.4 时间轴 ································································································ 6
  - 1.2.5 绘图工具箱 ·························································································· 7
  - 1.2.6 浮动面板 ····························································································· 7
  - 1.2.7 绘图工作区 ·························································································· 7
  - 1.2.8 属性面板 ····························································································· 7
- 1.3 知识讲解——设置首选参数 ··············································································· 8
  - 1.3.1 常规首选参数 ······················································································· 8
  - 1.3.2 文本首选参数 ······················································································· 10
- 1.4 知识讲解——Flash 中的图形 ············································································· 11
  - 1.4.1 位图 ·································································································· 11
  - 1.4.2 矢量图 ······························································································· 11
- 1.5 同步训练——实战应用 ···················································································· 12
  - 实例 1：设置 Flash CC 工作空间 ···································································· 12
  - 实例 2：设置动画文件属性 ············································································ 14
- 本章小结 ············································································································ 16

v

# 第 2 章　图形的绘制 ································································· 17

## 2.1　知识讲解——绘制线条 ···················································· 18
### 2.1.1　线条工具 ······································································ 18
### 2.1.2　铅笔工具 ······································································ 20
### 2.1.3　钢笔工具 ······································································ 21

## 2.2　知识讲解——编辑线条 ···················································· 22
### 2.2.1　选取线条 ······································································ 22
### 2.2.2　移动线条 ······································································ 22
### 2.2.3　复制线条 ······································································ 23

## 2.3　知识讲解——绘制几何图形 ·············································· 23
### 2.3.1　椭圆工具 ······································································ 23
### 2.3.2　矩形工具 ······································································ 25
### 2.3.3　多角星形工具 ······························································· 26

## 2.4　知识讲解——查看图形 ···················································· 27
### 2.4.1　手形工具 ······································································ 27
### 2.4.2　缩放工具 ······································································ 27

## 2.5　同步训练——实战应用 ···················································· 28
实例 1：绘制卡通小猪 ······························································· 28
实例 2：绘制咖啡杯 ·································································· 33

本章小结 ······················································································ 36

# 第 3 章　填充与编辑图形 ···························································· 37

## 3.1　知识讲解——图形的填充 ················································· 38
### 3.1.1　刷子工具 ······································································ 38
### 3.1.2　颜料桶工具 ··································································· 40
### 3.1.3　滴管工具 ······································································ 42
### 3.1.4　墨水瓶工具 ··································································· 42
### 3.1.5　渐变变形工具 ······························································· 44

## 3.2　知识讲解——图形编辑工具 ·············································· 45
### 3.2.1　橡皮擦工具 ··································································· 45
### 3.2.2　任意变形工具 ······························································· 47
### 3.2.3　套索工具 ······································································ 49

## 3.3　知识讲解——图形对象基本操作 ········································ 50
### 3.3.1　选取图形 ······································································ 50
### 3.3.2　移动图形 ······································································ 50

3.3.3 对齐图形 ······ 51
3.3.4 复制图形 ······ 52
3.4 知识讲解——图形的编辑 ······ 53
3.4.1 将线条转换成填充 ······ 53
3.4.2 图形扩展与收缩 ······ 53
3.4.3 柔化填充边缘 ······ 54
3.4.4 转换位图为矢量图 ······ 54
3.5 同步训练——实战应用 ······ 55
实例 1：美丽壮观的日出 ······ 55
实例 2：雨天的小花伞 ······ 58
本章小结 ······ 60

## 第 4 章 Flash 中的文本处理 ······ 61

4.1 知识讲解——文本工具的基本使用 ······ 62
4.1.1 选择文本工具 ······ 62
4.1.2 输入文本 ······ 62
4.1.3 修改字形 ······ 63
4.1.4 文本的基本属性设置 ······ 63
4.2 知识讲解——文本属性的高级设置 ······ 65
4.2.1 字母间距 ······ 65
4.2.2 实例名称 ······ 65
4.2.3 显示边框 ······ 65
4.2.4 可选文字 ······ 66
4.2.5 添加 URL 链接 ······ 66
4.3 知识讲解——文本对象的编辑 ······ 67
4.3.1 将文本作为整体对象编辑 ······ 67
4.3.2 文字描边 ······ 68
4.4 同步训练——实战应用 ······ 69
实例 1：制作斑点文字 ······ 69
实例 2：制作变形文字 ······ 72
本章小结 ······ 75

## 第 5 章 帧、图层与场景的编辑 ······ 76

5.1 知识讲解——帧 ······ 77
5.1.1 帧的作用 ······ 77
5.1.2 帧的类型 ······ 77

5.1.3　帧的基本操作 ·················································· 77
　　　5.1.4　洋葱皮工具的使用 ············································ 80
　5.2　知识讲解——图层 ····················································· 82
　　　5.2.1　图层的作用 ······················································ 82
　　　5.2.2　图层的分类 ······················································ 83
　　　5.2.3　图层基本操作 ··················································· 84
　5.3　知识讲解——场景 ····················································· 90
　　　5.3.1　创建场景 ·························································· 90
　　　5.3.2　场景面板 ·························································· 90
　5.4　同步训练——实战应用 ·············································· 91
　　　实例1：老爷爷说话 ····················································· 91
　　　实例2：摇尾巴的小驴子 ············································· 94
　本章小结 ············································································ 98

# 第6章　Flash 中的基础动画 ···················································· 99

　6.1　知识讲解——逐帧动画 ············································ 100
　　　6.1.1　逐帧动画概述 ················································· 100
　　　6.1.2　创建逐帧动画 ················································· 100
　6.2　知识讲解——动作补间动画 ····································· 102
　　　6.2.1　水平动作补间 ················································· 102
　　　6.2.2　旋转动作补间 ················································· 105
　6.3　知识讲解——形状补间动画 ····································· 107
　　　6.3.1　形状补间动画概述 ·········································· 107
　　　6.3.2　创建形状补间动画 ·········································· 107
　6.4　知识讲解——引导动画 ············································ 109
　　　6.4.1　引导动画概述 ················································· 109
　　　6.4.2　创建引导动画 ················································· 109
　6.5　知识讲解——遮罩动画 ············································ 112
　　　6.5.1　遮罩动画概述 ················································· 112
　　　6.5.2　创建遮罩动画 ················································· 112
　6.6　同步训练——实战应用 ············································ 114
　　　实例1：月夜里的白鹤 ··············································· 114
　　　实例2：瀑布 ····························································· 117
　本章小结 ·········································································· 120

# 第 7 章　元件、库和实例 ································································ 121

## 7.1　知识讲解——元件 ························································· 122
### 7.1.1　元件概述 ································································ 122
### 7.1.2　创建图形元件 ························································ 122
### 7.1.3　创建影片剪辑元件 ················································ 124
### 7.1.4　创建按钮元件 ························································ 124

## 7.2　知识讲解——库 ····························································· 125
### 7.2.1　库的界面 ································································ 125
### 7.2.2　库的管理 ································································ 126
### 7.2.3　共享库资源 ···························································· 127

## 7.3　知识讲解——实例 ························································· 127
### 7.3.1　创建实例 ································································ 127
### 7.3.2　编辑实例 ································································ 128

## 7.4　同步训练——实战应用 ················································· 130
实例 1：大海上的小海鸥 ························································ 130
实例 2：小白兔按钮 ································································ 134

本章小结 ········································································································ 136

# 第 8 章　滤镜的使用 ······································································ 137

## 8.1　知识讲解——添加滤镜 ················································· 138
### 8.1.1　投影 ········································································ 138
### 8.1.2　模糊 ········································································ 139
### 8.1.3　发光 ········································································ 140
### 8.1.4　斜角 ········································································ 141
### 8.1.5　渐变发光 ································································ 142
### 8.1.6　渐变斜角 ································································ 144

## 8.2　知识讲解——禁用、启用与删除滤镜 ························· 145
### 8.2.1　禁用滤镜 ································································ 145
### 8.2.2　启用滤镜 ································································ 146
### 8.2.3　删除滤镜 ································································ 146

## 8.3　同步训练——实战应用 ················································· 147
实例 1：朦胧的月亮 ································································ 147
实例 2：春光明媚 ···································································· 149

本章小结 ········································································································ 152

# 第 9 章 声音和视频的导入与使用 · · · · · · 153

## 9.1 知识讲解——声音的导入及使用 · · · · · · 154
### 9.1.1 声音的类型 · · · · · · 154
### 9.1.2 导入声音 · · · · · · 154
### 9.1.3 为按钮添加声音 · · · · · · 155
### 9.1.4 为主时间轴使用声音 · · · · · · 157

## 9.2 知识讲解——声音的处理 · · · · · · 157
### 9.2.1 声音属性的设置 · · · · · · 157
### 9.2.2 设置事件的同步 · · · · · · 159
### 9.2.3 音效的设置 · · · · · · 160

## 9.3 知识讲解——导入视频 · · · · · · 161
### 9.3.1 导入视频的格式 · · · · · · 161
### 9.3.2 认识视频编解码器 · · · · · · 162

## 9.4 同步训练——实战应用 · · · · · · 163
实例 1：呱呱叫的小青蛙 · · · · · · 163
实例 2：播放视频 · · · · · · 165

本章小结 · · · · · · 167

# 第 10 章 Action Script · · · · · · 168

## 10.1 知识讲解——Flash 中的 Action Script · · · · · · 169
### 10.1.1 Action Script 概述 · · · · · · 169
### 10.1.2 添加 Action Script · · · · · · 169

## 10.2 知识讲解——函数 · · · · · · 170
### 10.2.1 时间轴控制 · · · · · · 170
### 10.2.2 浏览器/网络 · · · · · · 170
### 10.2.3 影片剪辑控制 · · · · · · 170
### 10.2.4 用于运算的函数 · · · · · · 170

## 10.3 知识讲解——变量 · · · · · · 171
### 10.3.1 变量命名规则 · · · · · · 171
### 10.3.2 变量的数据类型 · · · · · · 171
### 10.3.3 变量的作用范围 · · · · · · 172
### 10.3.4 变量的声明 · · · · · · 172

## 10.4 知识讲解——运算符 · · · · · · 172
### 10.4.1 数学运算符 · · · · · · 172
### 10.4.2 比较运算符 · · · · · · 173

10.4.3　逻辑运算符 ···················································································· 173
　　　10.4.4　位运算符 ······················································································ 174
　　　10.4.5　赋值运算符 ···················································································· 174
　　　10.4.6　相等运算符 ···················································································· 175
　　　10.4.7　运算符的优先级及结合性 ····································································· 175
　10.5　知识讲解——常见 Actions Script 命令语句 ·························································· 176
　　　10.5.1　播放控制 ······················································································· 176
　　　10.5.2　播放跳转 ······················································································· 176
　　　10.5.3　条件语句 ······················································································· 177
　　　10.5.4　循环语句 ······················································································· 178
　　　10.5.5　影片剪辑控制语句 ············································································· 179
　10.6　同步训练——实战应用 ················································································· 180
　　　实例 1：制作嵌入视频 ··················································································· 180
　　　实例 2：闪烁的星光 ······················································································ 185
　本章小结 ············································································································ 190

# 第 11 章　动画的优化与发布 ················································································ 191

　11.1　知识讲解——动画的优化 ·············································································· 192
　　　11.1.1　减小动画的尺寸 ··············································································· 192
　　　11.1.2　文本的优化 ···················································································· 192
　　　11.1.3　颜色的优化 ···················································································· 192
　11.2　知识讲解——导出 Flash 动画 ········································································· 192
　　　11.2.1　导出图像 ······················································································· 193
　　　11.2.2　导出影片 ······················································································· 194
　11.3　知识讲解——动画的发布 ·············································································· 194
　　　11.3.1　设置发布格式 ·················································································· 194
　　　11.3.2　发布 Flash 作品 ··············································································· 197
　11.4　同步训练——实战应用 ················································································· 197
　　　实例 1：将动画导出为 GIF 动画 ······································································ 197
　　　实例 2：将动画发布为网页 ············································································· 199
　本章小结 ············································································································ 201

# 第 12 章　文字特效动画 ······················································································ 202

　12.1　冲击波文字 ······························································································· 203
　12.2　碰撞的文字 ······························································································· 206
　12.3　水波文字 ·································································································· 211

| 12.4 | 毛笔字 | 215 |
| 12.5 | 放大的文字 | 218 |

## 第 13 章　鼠标与按钮菜单特效 … 224

| 13.1 | 制作按钮动画 | 225 |
| 13.2 | 制作按钮切换图片效果 | 230 |
| 13.3 | 导航菜单动画 | 234 |
| 13.4 | 按钮切换背景颜色 | 238 |

## 第 14 章　遮罩特效动画 … 244

| 14.1 | 奔跑的小汽车 | 245 |
| 14.2 | 生长的大树 | 249 |
| 14.3 | 制作遮罩文字动画 | 252 |
| 14.4 | 制作多屏幕视频 | 259 |
| 14.5 | 散点遮罩动画 | 262 |

## 第 15 章　网络广告动画 … 266

| 15.1 | 箱包竖条网络广告 | 267 |
| 15.2 | 珠宝网络促销广告 | 273 |
| 15.3 | 旅游宣传广告 | 279 |
| 15.4 | 制作地产宣传广告 | 292 |

## 第 16 章　贺卡制作 … 314

| 16.1 | 制作父亲节贺卡 | 315 |
| 16.2 | 制作友情贺卡 | 330 |

# 第 1 章
## 熟悉 Flash 的工作环境

### 本章导读

  Flash CC 是 Adobe 公司推出的 Flash 动画制作软件，它相比之前的版本在功能上有很多有效的改进及拓展，深受用户青睐。为了使读者对 Flash 动画及 Flash CC 有初步了解，本章主要介绍 Flash 动画的特点及应用领域，以及 Flash CC 的工作界面等相关内容。

### 知识要点

- ◆ 认识 Flash 动画
- ◆ 熟悉 Flash CC 的工作界面
- ◆ 设置首选参数
- ◆ 了解 Flash 中的图形

### 案例展示

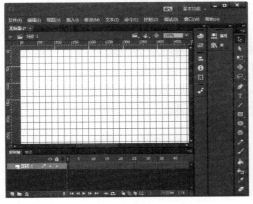
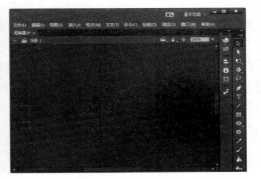

## 1.1 知识讲解——认识 Flash 动画

网络是一个精彩的世界，而网络动画让这个世界更加缤纷多彩。炫丽的广告、有趣的小游戏、个性化的主页、丰富的 Flash 动画电影，面对这些绚丽的画面，你一定会按捺不住自己，想进入这个精彩的世界，通过自己激情的创作，拥有一片梦想的天空！

### 1.1.1 Flash 动画概述

Flash CC 是 Adobe 公司推出的一款软件，被称为"最为灵活的前台"，其独特的时间片段分割和重组技术，结合 Action Script 的对象和流程控制，使灵活的界面设计和动画设计成为可能。

Flash 以其文件体积小、流式播放等特点在网页信息中成为较为主流的动画方式。早期在 IE 或 Netscape 等浏览器中播放 Flash 动画需要专门安装插件，但这丝毫不影响 Flash 动画的诱惑力，发展至今 IE 浏览器已自带 Flash 播放功能，Flash 的影响可见一斑。也基于这个原因，可以毫不夸张地说："世界上有多少浏览器，就有多少 Flash 的网络用户"。各大门户网站都在主页上插入了商业 Flash 动画广告，如下图所示。

Flash 已经应用在几乎所有的网络内容中，尤其是 Action Script 的使用，使得 Flash 在交互性方面拥有了更强大的开发空间。Flash 动画不再只作为网站的点缀，现在可以通过 Flash 软件开发游戏、课件、在线视频播放器甚至网站的建设。网络是一个精彩的世界，而 Flash 动画则让这个世界更加缤纷多彩，就连开发 Flash 的工程师都惊叹地说道："我们虽然可以创造出 Flash 这个软件，但我们无法全面想象通过 Flash 这个软件到底可以创造出多少更强大的应用程序。"

### 1.1.2 Flash 动画的特点

Flash 动画的主要特点可以归纳为如下几点。

- 文件数据量小：由于 Flash 作品中的对象一般为"矢量"图形，所以即使动画内容很丰富，其数据量也非常小。
- 适用范围广：Flash 动画不仅应用于制作 MTV、小游戏、网页制作、搞笑动画、情景剧和多媒体课件等，还可将其制作成项目文件，运用于多媒体光盘或展示。
- 图像质量高：Flash 动画大多由矢量图形制作而成，可以真正无限制地放大而不影响其质量，因此图像的质量很高。
- 交互性强：Flash 制作人员可以轻易地为动画添加交互效果，让用户直接参与，从而极大地提高用户的兴趣。
- 可以边下载边播放：Flash 动画以"流"的形式进行播放，所以可边下载边欣赏动画，而不必等待全部动画下载完毕后才开始播放，可以大大节省下载的时间。
- 跨平台播放：制作好的 Flash 作品放置在网页上后，不论使用哪种操作系统或平台，任何访问者看到的内容和效果都是一样的，不会因为平台的不同而有所变化。

### 1.1.3 Flash 动画的应用领域

随着 Flash 功能的不断增强，Flash 也被越来越多的领域所应用，目前 Flash 的应用领域主要有以下几个方面。

#### 1. 网络动画

由于 Flash 对矢量图的应用和对视频、声音的良好支持以及以"流"媒体的形式进行播放等特点，使得其能够在文件容量不大的情况下实现多媒体的播放，而用 Flash 制作的作品非常适合网络环境下的传输，也使 Flash 成为网络动画的重要制作工具之一。在中国它影响了一代年轻人，借助研究 Flash 成名的年轻人如小小、边城浪子、"东北人都是活雷锋"的雪村成为国内家喻户晓的人物，由此 Flash 造就了一批闪客明星。2001 年 9 月 9 日，中央电视台第 10 频道的《选择》节目，在国内首次播出一期专为闪客制作的特别节目，以往带有神秘色彩的闪客们第一次亮相于公众，这些首批成为闪客明星的年轻人则成为其他年轻人的"榜样"。左下图就是一个 Flash 制作的网络 MTV 动画。

#### 2. 网页广告

一般的网页广告都具有短小、精悍、表现力强等特点，而 Flash 恰到好处地满足了这些要求，因此在网页广告的制作中得到广泛的应用。右下图就是一个 Flash 网页广告。

3. 动态网页

Flash 具备的交互功能使用户可以配合其他工具软件制作出各种形式的动态网页。左下图就是一个 Flash 的动态网页。

4. 网络游戏

Flash 中的 Actions 语句可以编制一些游戏程序，再配合以 Flash 的交互功能，能使用户通过网络进行游戏。右下图就是一个 Flash 网络游戏。

5. 多媒体课件

Flash 动画以其体积小、交互性强、画质高等特点风靡全球。在教学领域中越来越多的教师开始选择 Flash 来制作多媒体课件。下图所示就是一个使用 Flash 制作的小学语文多媒体课件。

## 1.2 知识讲解——熟悉 Flash CC 的工作界面

下面介绍启动与退出 Flash CC 的方法，以及认识 Flash CC 的工作界面。

### 1.2.1 启动与退出 Flash CC

下面介绍启动与退出 Flash CC 的方法。

**1. 启动 Flash CC**

若要启动 Flash CC，可执行下列操作方法之一。

**方法一：** 执行"开始→程序→Adobe Flash CC Professional"命令，即可启动 Flash CC。
**方法二：** 直接在桌面上双击 Fl 快捷图标。
**方法三：** 双击 Flash CC 相关联的文档。

**2. 退出 Flash CC**

若要退出 Flash CC，可执行下列操作方法之一。

**方法一：** 单击 Flash CC 程序窗口右上角的 ✕ 按钮。
**方法二：** 执行"文件→退出"命令。
**方法三：** 双击 Flash CC 程序窗口左上角的 Fl 图标。
**方法四：** 按下"Alt+F4"组合键。

### 1.2.2 开始页

当启动 Flash CC 时会出现一张开始页，在开始页中可以选择新建项目、模板及最近打开的项目，如下图所示。

> **专家提示** 勾选左下角的"不再显示"复选框,那么以后启动 Flash CS6 时不再显示开始页。

选择"新建"栏目下的"Flash 文件"选项,进入 Flash CC 的工作界面,如下图所示。

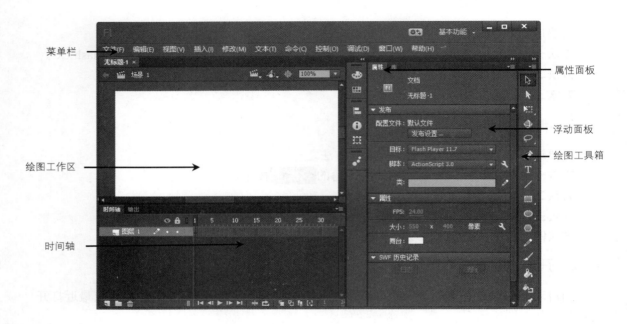

### 1.2.3 菜单栏

Flash CC 的菜单栏中包括文件、编辑、视图、插入、修改、文本、命令、控制、调试、窗口、帮助,共 11 个菜单,如下图所示。单击各主菜单项都会弹出相应的下拉菜单,有些下拉菜单还包括下一级的子菜单。

| 文件(F) | 编辑(E) | 视图(V) | 插入(I) | 修改(M) | 文本(T) | 命令(C) | 控制(O) | 调试(D) | 窗口(W) | 帮助(H) |

### 1.2.4 时间轴

时间轴是 Flash 动画编辑的基础,用以创建不同类型的动画效果和控制动画的播放预览。时间轴上的每一个小格称为帧,是 Flash 动画的最小时间单位,连续的帧中包含保持相似变化的图像内容,便形成了动画,如下图所示。

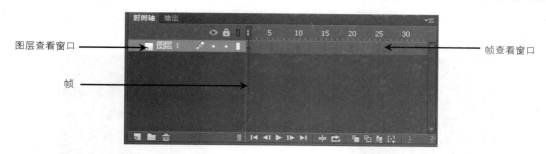

"时间轴"面板分为两个部分：左侧为图层查看窗口，右侧为帧查看窗口。一个层中包含着若干帧，而通常一部 Flash 动画影片又包含着若干层。

### 1.2.5 绘图工具箱

绘图工具箱是 Flash 中重要的面板，它包含绘制和编辑矢量图形的各种操作工具，主要由绘图工具、色彩填充工具、查看工具和工具属性四部分构成，用于进行矢量图形绘制和编辑的各种操作，如左下图所示。

### 1.2.6 浮动面板

浮动面板由各种不同功能的面板组成，如"库"面板、"颜色"面板等，如右下图所示。通过面板的显示、隐藏、组合、摆放，可以自定义工作界面。关于浮动面板的功能和使用，将在后续章节中具体讲述。

### 1.2.7 绘图工作区

绘图工作区也被称作"舞台"，它是在其中放置图形内容的矩形区域，这些图形内容包括矢量插图、文本框、按钮、导入的位图图形或视频剪辑等。Flash 创作环境中的绘图工作区相当于 Adobe Flash Player 中在回放期间显示 Flash 文档的矩形空间。用户可以在工作时放大和缩小以更改绘图工作区的视图。

### 1.2.8 属性面板

"属性"面板可以显示所选中对象的属性信息，并可通过"属性"面板对其进行编辑修改，有效提高动画编辑的工作效率及准确性。当选择不同的对象时，"属性"面板将显示出相应的选项及属性值。如下图所示分别为几种常用对象的"属性"面板。

（a）文档"属性"面板

（b）帧"属性"面板

（c）文本"属性"面板

（d）按钮元件"属性"面板

## 1.3 知识讲解——设置首选参数

在 Flash CC 中编辑影片时，通过对首选参数进行合理的设置，可以使工作环境更符合自己的习惯和特殊要求，从而有效地提高影片创作的工作效率。

执行"编辑→首选参数"命令，打开"首选参数"对话框。在对话框中可以对常规显示、文本参数等进行设置。

 按下"Ctrl+U"组合键能快速打开"首选参数"对话框。

### 1.3.1 常规首选参数

执行"编辑→首选参数"命令，打开"首选参数"对话框，选择左侧的"常规"选项，

"常规"选项是对使用 Flash CC 进行编辑工作时的一般属性进行设置,如下图所示。

- 启动时:在下拉列表中选择其中一个选项以指定在启动 Flash 时,该应用程序打开哪个文档。选择"欢迎屏幕"选项以显示"开始"页面;选择"新建文档"选项可打开一个新的空白文档;选择"打开上次使用的文档"选项可打开上次退出 Flash 时打开的文档;选择"不打开任何文档"选项可启动 Flash 而不打开文档。

- 撤销:在下拉列表中可以选择"文档层级撤销"或"对象层级撤销"两个选项。"文档层级撤销"维护一个列表,其中包含对整个 Flash 文档的所有动作。"对象层级撤销"针对 Flash 文档中每个对象的动作单独维护一个列表。"对象层级撤销"提供了更大的灵活性,可以撤销针对某个对象的动作,而无须另外撤销针对修改时间比目标对象更近的其他对象的动作。在文本框中输入一个 2 到 300 之间的值,从而设置"撤销/重做"的级别数。撤销级别需要消耗内存;使用的撤销级别越多,占用的系统内存就越多。默认值为 100。

- 工作区:在"工作区"区域选择"在选项卡中打开测试影片"复选框,则在执行测试影片时在应用程序窗口中打开一个新的文档选项卡。选择"自动折叠图标面板"复选框,则单击处于图标模式中的面板的外部时可以使这些面板自动折叠。

- 选择:"使用 Shift 键连续选择"复选框可以控制在 Flash 中如何处理多个元素的选择;"显示工具提示"复选框可以在指针停留在控件上时显示工具提示。如果不需要工具提示,请取消选择此选项;选择"接触感应选择和套索工具"复选框,当使用"选择"工具或"套索"工具进行拖动时,如果矩形框中包括了对象的任何部分,则对象将被选中。选择"显示3D影片的轴"复选框,可以在所有3D影片剪辑上显示 X、Y 和 Z 轴的重叠部分,这样就能够在舞台上轻松标识它们。

- 时间轴:选择"基于整体范围的选择"复选框,可以在时间轴中使用基于整体范围的选择;选择"场景上的命名锚记"复选框可以将文档中每个场景的第一个帧作为命名锚记，命名锚记可以使用浏览器中的"前进"和"后退"按钮从 Flash 应用程序的一个场景跳到另一个场景。
- 加亮颜色：可以从颜色按钮中选择一种颜色，或选择"使用图层颜色"单选按钮以使用当前图层的轮廓颜色。
- 打印：如果要在打印到 PostScript 打印机时禁用 PostScript 输出，可以选择"禁用 PostScript"复选框。在默认情况下，此选项处于取消选择状态。选择此选项，将减慢打印速度。

### 1.3.2 文本首选参数

选择左侧的"文本"选项，如下图所示，用于设置 Flash 中文本的首选参数。

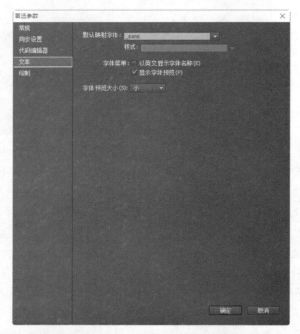

- 字体映射默认设置：在下拉列表中，选择在 Flash 中打开文档时替换缺失字体所使用的字体。
- 字体映射对话框：选择"为缺少字体选择"复选框，包含缺少的字体的舞台第一次显示在背景上时，会出现一个警告框指明文档中缺少字体。如果用户发布或导出的文档没有显示包含缺少字体的任何场景，那么在发布或导出操作期间会出现警告框。如果用户确定要选择替换字体，会出现"字体映射"对话框，它会列出文档中的所有缺少字体并可以为每种缺少字体选择一种替换字体。
- 垂直文本：选择"默认文本方向"复选框可以将默认文本方向设置为垂直，这对于某些亚洲语言字体非常有用。在默认情况下，此选项处于取消选择状态。选择"从右至左的文本流向"复选框，可以翻转默认的文本显示方向。默认情况下，此选项处于取消选择状态。选择"不调整字距"复选框，可以关闭垂直文本字距微调。默认情况下，此选项处于取消选择状态，但是对改善某些使用字距微调表的字体的间距质量非常有用。

- 输入方法:在单选组中选择适当的语言。
- 字体菜单:选择"以英文显示字体名称"复选框,将会以英文显示字体的名称。选择"显示字体预览"复选框,可以在选择字体时,显示字体的样式,这里可以在下方的下拉列表中选择字体预览样式的大小。

## 1.4 知识讲解——Flash 中的图形

Flash 中的图形分为位图(又称点阵图或栅格图像)和矢量图形两大类。

### 1.4.1 位图

位图是由计算机根据图像中每一点的信息生成的,要存储和显示位图就需要对每一个点的信息进行处理,这样的一个点就是像素(例如一幅 200 像素×400 像素的位图就有 80 000 个像素点,计算机要存储和处理这幅位图就需要记住 8 万个点的信息)。位图有色彩丰富的特点,一般用在对色彩丰富度或真实感要求比较高的场合。但位图的文件较之矢量图要大得多,且位图在放大到一定倍数时会出现明显的马赛克现象,每一个马赛克实际上就是一个放大的像素点,如下图所示。

### 1.4.2 矢量图

矢量图是由计算机根据矢量数据计算后生成的,它用包含颜色和位置属性的直线或曲线来描述图像。所以计算机在存储和显示矢量图时只需记录图形的边线位置和边线之间的颜色这两种信息即可。矢量图的特点是占用的存储空间非常小,且矢量图无论放大多少倍都不会出现马赛克,如下图所示。

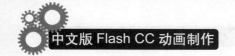

## 1.5 同步训练——实战应用

**实例1：设置 Flash CC 工作空间**

### ➡ 案例效果

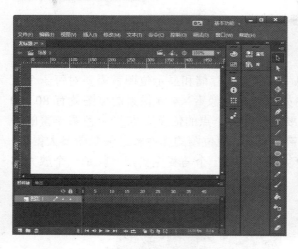
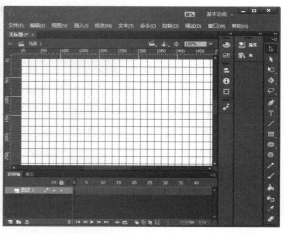

| | |
|---|---|
| 素材文件： | 光盘\素材文件\无 |
| 结果文件： | 光盘\结果文件\第 1 章\实例 1.fla |
| 教学文件： | 光盘\教学文件\第 1 章\实例 1.avi |

### ➡ 制作分析

本例难易度：★☆☆☆☆

| 关键提示： | 知识要点： |
|---|---|
| 使用标尺、辅助线与网格设置 Flash CC 的工作空间，可以使动画元素的移动更为精确与方便。标尺是 Flash 中的一种绘图参照工具，通过在舞台左侧和上方显示标尺，可帮助用户在绘图或编辑影片的过程中，对图形对象进行定位。而辅助线则通常与标尺配合使用，通过舞台中的辅助线与标尺的对应，使用户更精确地对场景中的图形对象进行调整和定位。 | • 设置标尺<br>• 使用网格<br>• 设置辅助线 |

### ➡ 具体步骤

**STEP 01**：**显示标尺**。新建一个 Flash 文档，执行"视图→标尺"命令，或按下"Ctrl+Alt+Shift+R"组合键，即可在舞台左侧和上方显示标尺，如左下图。

第 1 章 熟悉 Flash 的工作环境

STEP 02：**创建辅助线**。执行"视图→辅助线→显示辅助线"命令，使辅助线呈可显示状态，然后在舞台上方的标尺中向舞台中拖动鼠标，即可创建出舞台的辅助线，如右下图。

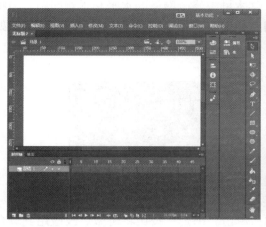 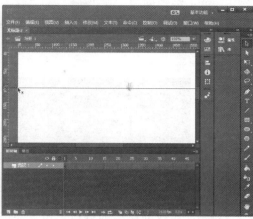

STEP 03：**创建辅助线**。利用同样的方法，拖动出其他水平和垂直辅助线，然后通过鼠标对辅助线的位置进行调整，如左下图。

STEP 04：**显示网格**。执行"视图→网格→显示网格"命令，或按下"Ctrl+'"组合键，即可在舞台中显示出网格，如右下图。

 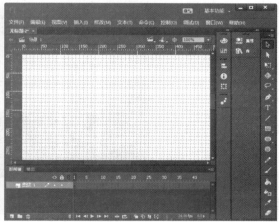

**专家提示**　如果不需要某条辅助线，用鼠标将其拖动到舞台外即可将其删除。用户还可通过执行"视图→辅助线→编辑辅助线"命令，或按下"Ctrl+Alt+Shift+G"组合键，在打开的"辅助线"对话框中设置辅助线的颜色，如下图所示，并可对辅助线进行锁定、对齐等操作。

STEP 05：打开"网格"对话框。若需要对当前的网格状态进行更改，执行"视图→网格→编辑网格"命令，或按下"Ctrl+Alt+G"组合键，打开如左下图所示的"网格"对话框。

STEP 06：编辑网格。在"↔"和"↕"文本框中修改网格的水平和垂直间距，如将网格的颜色设置为紫色，将网格的水平和垂直间距分别设置为"18像素"与"20像素"，如右下图。

STEP 07：更改网格后的舞台。设置完成后单击"确定"按钮将所做更改应用到舞台，效果如下图所示。

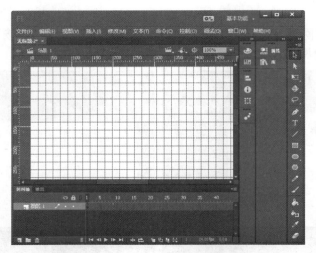

## 实例2：设置动画文件属性

➡ 案例效果

 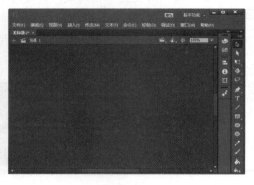

# 第 1 章 熟悉 Flash 的工作环境

| 素材文件：光盘\素材文件\无 |
| --- |
| 结果文件：光盘\结果文件\第 1 章\实例 2.fla |
| 教学文件：光盘\教学文件\第 1 章\实例 2.avi |

## ➡ 制作分析

本例难易度：★★★★☆

**关键提示：**

在制作 Flash 动画之前首先要确定动画的舞台大小以及背景颜色等，以方便后期的制作。确定动画影片的舞台大小以及背景颜色等，也就是要设置动画文件属性，这项操作是制作动画的首要任务。要设置动画文件属性，首先要执行"修改"菜单中的命令，然后在弹出的对话框中进行设置。

**知识要点：**

- 设置影片大小
- 设置影片颜色
- 设置影片帧频

## ➡ 具体步骤

**STEP 01：修改舞台大小。** 新建一个 Flash 文档，执行"修改→文档"命令，打开"文档属性"对话框，单击在"舞台大小"后的"宽"和"高"数据，将自动进入编辑状态，输入动画的宽度与高度，如左下图所示。

**STEP 02：设置背景颜色。** 单击"背景颜色"后的颜色框■，在弹出的"颜色"选择框里设置动画的背景颜色，如右下图所示。

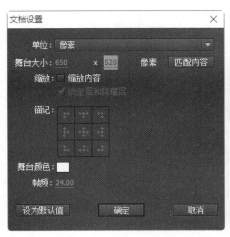
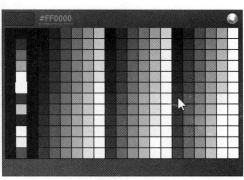

**STEP 03：设置帧频。** 在"帧频"文本框中输入动画的帧频"36"，如左下图所示。完成后单击"确定"按钮。

**STEP 04：设置后的舞台效果。** 经过上述设置后，Flash 中的舞台如右下图所示。

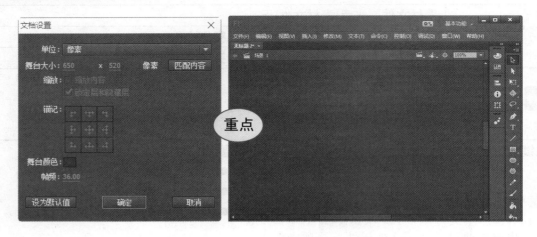

> 在"帧频"文本框中输入的数字是表示动画每秒播放多少帧,输入的 36 表示 1 秒钟播放 36 帧动画。数字越大,动画播放得越快。

## 本章小结

在本章中主要介绍了 Flash 的特点,认识了 Flash 操作界面,重点介绍了如何设置 Flash CC 的工作环境,为以后的动画制作做好准备。掌握本章的知识,能使读者对 Flash 有一个全面系统的了解。

# 第 2 章

# 图形的绘制

### 本章导读

图形绘制是动画制作的基础,只有绘制好了静态矢量图,才可能制作出优秀的动画作品。在 Flash 中,图形造型工具通常包括铅笔工具、矩形工具、线条工具以及钢笔工具等。本章重点给读者讲解在 Flash CC 中绘制图形的相关操作与技巧,这也是 Flash 用户经常需要使用的知识。

### 知识要点

- ◆ 线条工具
- ◆ 铅笔工具
- ◆ 钢笔工具
- ◆ 选取线条
- ◆ 移动线条
- ◆ 复制线条
- ◆ 绘制椭圆
- ◆ 绘制矩形
- ◆ 手形工具
- ◆ 放大工具
- ◆ 缩小工具

### 案例展示

## 2.1 知识讲解——绘制线条

Flash 中绘制线条的工具主要有线条工具 、铅笔工具 和钢笔工具 三种，下面分别对其进行介绍。

### 2.1.1 线条工具

线条工具主要用于绘制任意的矢量线段，其操作步骤如下。

**STEP 01**：**移动鼠标**。单击绘图工具箱中的 按钮，将鼠标移动到绘图工作区中。

**STEP 02**：**拖动鼠标**。当鼠标变为"十"形状时，按住鼠标左键拖动，如左下图所示。

**STEP 03**：**绘制线条**。拖至适当的位置及长度后，释放鼠标即可，绘制出的线条如右下图所示。

> **专家提示** 使用线条工具绘制直线的过程中，按下"Shift"键的同时拖动鼠标，可以绘制出垂直、水平的直线，或者 45°的斜线，给绘制提供了方便。按下"Ctrl"键可以切换到选择工具，对工作区中的对象进行选取，当放开"Ctrl"键时，又会自动回到线条工具。

在"属性"面板中可对直线的样式、颜色、粗细等进行修改，其操作步骤如下。

**STEP 01**：**执行菜单命令**。单击绘图工具箱中的选择工具 按钮，选中刚绘制的直线。执行"窗口→属性"命令。

**STEP 02**：**打开"属性"面板**。打开如下图所示的"属性"面板，在该面板中按照需要为直线进行设置，该面板中可设置的选项及其含义如下。

- X、Y：设置线段在绘图工作区中的具体位置。
- 宽、高：设置线段在水平或垂直方向上的长度。
- ✎ ▉：设置线段的颜色。单击颜色框，将弹出"颜色样本"面板，如左下图所示。在"颜色样本"面板中可以直接选取某种预先设置好的颜色作为所绘制线条的颜色，也可以在上面的文本框内输入线条颜色的十六进制RGB值，例如#FF0000。如果预先设置的颜色不能满足用户需要，还可以单击右上角的 ◉ 按钮，打开"颜色选择器"对话框，在对话框中设置颜色值，如右下图所示。

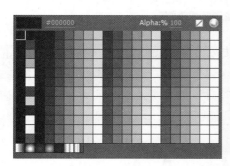 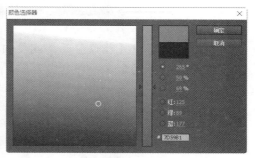

- 笔触: ○──── 1.00 ：用于设置线段的粗细。可以拖动滑块或者在文本框中输入数值来改变线段的粗细，Flash中的线条宽度以px（像素）为单位。高度值越小线条越细，高度值越大线条越粗，设置好笔触高度后，将鼠标移动到工作区中，在直线的起点按住鼠标不放，然后沿着要绘制的直线的方向拖动鼠标，在需要作为直线终点的位置释放鼠标左键。完成上述操作后，在工作区中就会自动绘制出一条直线。左下图与右下图所示分别是设置线条工具笔触高度为3像素和10像素时，所绘制的线条的效果。

- 笔触: ▬▬▬▬ ：用于设置线段的样式，单击右侧的下拉按钮在弹出的如左下图所示"线条样式"列表框中选择需要样式即可。Flash CC已经预置了一些常用的线条类型，如实线、虚线、点状线、锯齿线等。
- ✎：" 编辑笔触样式"按钮，单击该按钮可打开如右下图所示"笔触样式"对话框。在对话框中可以设置线条的缩放、粗细、类型等参数。

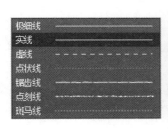 

- 端点 ：单击此按钮，在弹出菜单中选择线条的端点的样式，共有"无"、"圆角""方型"三种样式可供选择，三种样式分别如下图所示。

线条端点选择"无"

线条端点选择"圆角"

线条端点选择"方型"

- 接合 ：接合就是指设置两条线段相接处，也就是拐角的端点形状。Flash CC 提供了三种接合点的形状，即"尖角"、"圆角"和"斜角"，其中"斜角"是指被"削平"的方形端点。当选择了"尖角"时，可在其左侧的文本框中输入尖角的数值（1~3之间）。接合的三种样式如下图所示。

线条接合选择"尖角"
线条接合选择"圆角"
线条接合选择"斜角"

### 2.1.2 铅笔工具

铅笔工具 主要用来绘制矢量线和任意形状的图形，其操作步骤如下。

**STEP 01**：**单击按钮**。单击绘图工具箱中的铅笔工具 按钮。

**STEP 02**：**拖动鼠标**。将鼠标移至绘图工作区中，当鼠标变为 形状时，按住鼠标左键进行拖动即可绘制出相应的图形。

**STEP 03**：**单击按钮**。单击绘图工具箱下方"选项"栏中 按钮右下角的三角形按钮，在弹出的如下图所示菜单中选择一种铅笔模式。

**STEP 04**：**选择伸直模式**。单击伸直模式，该模式可使绘制的任意矢量线图形自动生成和它最接近的规则图形，左下图即是选择伸直选项后用铅笔工具绘制时的形状，绘制的效果如右下图所示。

**STEP 05**：**选择平滑模式**。单击平滑模式，该模式可使绘制的图形或线条变得平滑，左下图即是选择平滑选项后用铅笔工具绘制时的形状，绘制的效果如右下图所示。

STEP 06：**选择墨水模式**。单击墨水模式，该模式可绘制出未经任何修改的手绘线条。其绘制前后的差别很小，分别如左下图和右下图所示。

### 2.1.3 钢笔工具

钢笔工具 用于绘制任意形状的图形，其操作步骤如下。

STEP 01：**单击按钮**。在绘图工具箱中单击钢笔工具 按钮。

STEP 02：**单击鼠标**。将鼠标移至舞台中，当其变为 形状时，在要绘制图形的位置处单击，先确定绘制图形的初始点位置（初始点以小圆圈显示）。再次按鼠标左键确定任意图形的第 2 点，接着用鼠标在任意位置单击的方法绘制任意图形的其他点。

STEP 03：**单击起始点**。若要想得到封闭的图形，将钢笔工具移至起始点，当钢笔工具侧边出现一个小圆圈时，单击起始点即可，如左下图所示。

STEP 04：**使用调节杆**。拖动鼠标则会出现如右下图所示的调节杆，使用调节杆可调整曲线的弧度。

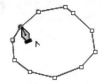 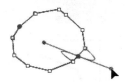

初学者在使用钢笔工具绘制图形时很不容易控制，要具备一定的耐心，而且要善于观察总结经验。使用钢笔工具时，鼠标指针的形状在不停地变化，不同形状的鼠标指针代表不同的含义。

- ：是选择钢笔工具后鼠标指针自动变成的形状，表示单击一下即可确定一个点。
- ：将鼠标指针移到绘制曲线上没有空心小方框（句柄）的位置时，它会变为 形状，单击一下即可添加一个句柄。
- ：将鼠标指针移到绘制曲线的某个句柄上时，它会变为 形状，单击一下即可删除该句柄。
- ：将鼠标指针移到某个句柄上时，它会变为 形状，单击一下即可将原来是弧线的句柄变为两条直线的连结点。

## 2.2　知识讲解——编辑线条

Flash 中编辑线条的工具主要有选择工具，选择工具 主要用于选取对象并移动对象。

### 2.2.1　选取线条

- 对于由一条线段组成的图形，只需用选择工具 单击该段线条即可。
- 对于由多条线段组成的图形，若只选取线条的某一段，只需单击该段线条即可，如左下图所示。
- 对于由多条线段组成的图形，若要选取由多条线段组成的整个图形，只需用鼠标将要选取的舞台用矩形框选即可，如右下图所示。

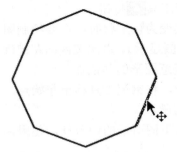
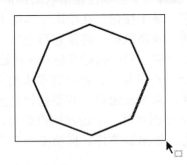

- 如果要选取一个舞台中的多个对象，只需用鼠标将要选取的舞台用矩形框选即可，如下图所示。

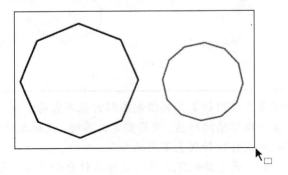

选取时按住"Shift"键，再用鼠标依次选取要选择的物体也可选取多个对象。

### 2.2.2　移动线条

移动线条的操作如下。

**STEP 01**：**单击选择工具**。单击绘图工具箱中的选择工具 。

**STEP 02**：**拖动对象**。选中要移动的对象，按下鼠标左键不放，拖动该对象到要放置的位置释放鼠标即可，如下图所示。

### 2.2.3 复制线条

复制线条的操作如下。

**STEP 01**：**单击选择工具**。单击绘图工具箱中的选择工具 。

**STEP 02**：**拖动鼠标**。按住"Ctrl"键不放，选中要复制的线条，拖动鼠标到要放置复制图形的位置即可。

　　　　选中选择工具后，绘图工具箱下面将出现如下图所示选项框，其中各按钮的含义如下。

- **对齐对象**：选中该按钮后，选择工具具有自动吸附功能，能够自动搜索线条的端点和图形边框。
- **平滑按钮**：该按钮用于使曲线趋于平滑。
- **直线按钮**：该按钮用于修饰曲线，使曲线趋于直线。

## 2.3 知识讲解——绘制几何图形

Flash 还提供了绘制几种简单几何图形的工具。下面分别对其进行介绍。

### 2.3.1 椭圆工具

椭圆工具 主要用于绘制实心的或空心的椭圆和圆，其使用方法如下。

1. 绘制实心椭圆

绘制实心椭圆的操作如下。

**STEP 01**：**单击椭圆工具**。单击绘图工具箱中的椭圆工具 按钮。

**STEP 02**：**选择笔触颜色**。单击绘图工具箱中"颜色"栏中的 按钮，在弹出的"颜色"面板中选择绘制椭圆边框的笔触颜色。

**STEP 03**：**选择填充颜色**。单击绘图工具箱中"颜色"栏中的 按钮，在弹出的"颜色"面板中选择填充色的颜色。

**STEP 04**：**绘制椭圆**。将鼠标移至舞台中，当指针变为"-¦-"形状时，按住鼠标左键拖动，即可绘制出椭圆，如下图所示。

 在绘制出椭圆后，也可利用"属性"面板对椭圆的大小、在舞台中的位置、边框线的颜色、线型样式、粗细及填充色等进行具体设置。当移动舞台中的椭圆或圆时，"属性"面板中 X、Y 的值也会自动改变。同样，在"属性"面板中对椭圆进行设置后，舞台中的图形也将出现相应的变化。

2. 绘制空心椭圆

绘制空心椭圆的操作如下。

**STEP 01**：**单击填充颜色按钮**。选择绘图工具箱中的 按钮，单击工具箱中"颜色"栏中的 按钮。

**STEP 02**：**将填充设置为无**。在弹出的"颜色"面板中单击 按钮，如左下图所示，此时的"颜色"栏将变为如右下图所示。

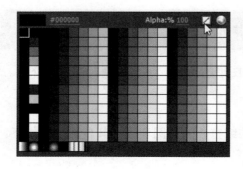

# 第 2 章　图形的绘制

STEP 03：**拖动鼠标**。将鼠标移至舞台中，按住鼠标左键并拖动，即可得到如下图所示的无填充椭圆。

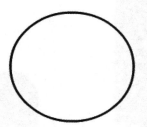

> 绘制椭圆时按住"Shift"键能绘制出正圆。

## 2.3.2 矩形工具

矩形工具用来绘制长方形和正方形，其操作步骤如下。

STEP 01：**单击矩形工具按钮**。单击绘图工具箱中的矩形工具按钮。

STEP 02：**设置颜色**。设置长方形或正方形的外框笔触颜色和填充颜色。

STEP 03：**绘制矩形**。将鼠标移至舞台中，当其变为"-¦-"形状时，按住鼠标左键进行拖动即可绘制出如下图所示的矩形。

> 绘制矩形时按住"Shift"键能绘制出正方形。

使用矩形工具绘制圆角矩形的操作步骤如下。

STEP 01：**单击矩形工具按钮**。单击绘图工具箱中的矩形工具按钮。

STEP 02：**设置边角半径**。在"属性"面板中的"矩形边角半径"文本框中将边角半径设置为"30"，如左下图所示。

STEP 03：**绘制圆角矩形**。将鼠标移至舞台中，按住鼠标左键进行拖动即可绘制出半径为 30 的圆角矩形，如右下图所示。

> 在"边角半径"文本框中可以输入圆角矩形中圆角的半径,范围为 0~999,以"磅"为单位。数字越小,绘制的矩形的 4 个角上的圆角幅度就越小,默认值为 0,即没有弧度,表示 4 个角为直角。如果选取最大值 999,则画出的图形左右两边弧度最大。

### 2.3.3 多角星形工具

使用多角星形工具可绘制多边形和星形,其操作步骤如下。

**STEP 01**:**选择"多角星形工具"**。单击绘图工具箱中的 按钮。

**STEP 02**:**单击"选项"按钮**。打开"属性"面板,在"属性"面板中单击"选项"按钮,如下图所示。

**STEP 03**:**设置对话框**。打开"工具设置"对话框,如左下图所示,在"样式"下拉列表框中选择"多边形"或"星形",在"边数"文本框中输入边数,在"星形顶点大小"文本框中输入星形的顶点大小,设置完成后单击"确定"按钮。

**STEP 04**:**绘制形状**。将鼠标移至舞台中,当其变为"-¦-"形状时,按住鼠标左键进行拖动即可绘制出一个多角星形,如右下图所示。

# 第 2 章 图形的绘制

在"工具设置"对话框的"边数"文本框中只能输入一个介于 3～32 之间的数字；在"星形顶点大小"文本框中只能输入一个介于 0～1 之间的数字以指定星形顶点的深度，数字越接近 0，创建的顶点就越深。若是绘制多边形，应保持此设置不变，它不会影响多边形的形状。

## 2.4 知识讲解——查看图形

在使用 Flash 绘图时，除了一些主要的绘图工具之外，还常常要用到视图调整工具，如"手形工具"、"缩放工具"。

### 2.4.1 手形工具

"手形工具" 的作用就是在工作区移动对象。在工具箱中选择"手形工具" ，舞台中的鼠标指针将变为手形，按下左键不放并移动鼠标，舞台的纵向滑块和横向滑块也随之移动。"手形工具"的作用相当于同时拖动纵向和横向的滚动条。"手形工具"和"选择工具"是有所区别的，虽然都可以移动对象，但是"选择工具"的移动是指在工作区内移动绘图对象，所以对象的实际坐标值是改变的，使用"手形工具"移动对象时，表面上看到的是对象的位置发生了改变，实际移动的却是工作区的显示空间，而工作区上所有对象的实际坐标相对于其他对象的坐标并没有改变。"手形工具"的主要目的是为了在一些比较大的舞台内将对象快速移动到目标区域，显然，使用"手形工具"比拖动滚动条要方便许多。

### 2.4.2 缩放工具

"缩放工具" 用来放大或缩小舞台的显示大小，在处理图形的细微之处时，使用"缩放工具"可以帮助设计者完成重要的细节设计。

在绘图工具箱中选择缩放工具后，可以在如左下图所示的"选项"面板中选择缩小或放大工具，其中带"+"号的为"放大工具"，带"-"号的为"缩小工具"。

按住"Alt"键，可以在"放大工具"和"缩小工具"之间进行切换。

27

在舞台右上角有一个"显示比例"下拉列表框，表示当前页面的显示比例，也可以在其中输入所需的页面显示比例数值，如右下图所示。在工具箱中双击"缩放工具"按钮，可以使页面以100%的比例显示。

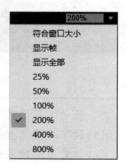

1. 放大工具

用"放大工具"单击舞台或者用"放大工具"拉出一个选择区，如左下图所示。可以使页面的以放大的比例显示，如下中图所示。

2. 缩小工具

用"缩小工具"单击舞台，可使页面以缩小的比例显示，如右下图所示。

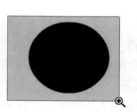

## 2.5　同步训练——实战应用

**实例1：绘制卡通小猪**

# 第 2 章 图形的绘制

| | |
|---|---|
| 素材文件： | 光盘\素材文件\第 2 章\1.jpg |
| 结果文件： | 光盘\结果文件\第 2 章\实例 1.fla |
| 教学文件： | 光盘\教学文件\第 2 章\实例 1.avi |

## ➡ 制作分析

本例难易度：★★☆☆☆

| 关键提示： | 知识要点： |
|---|---|
| 本例通过首先使用椭圆工具、矩形工具绘制小猪的身体部分，然后使用选择工具来调整，最后导入位图到舞台上。 | ● 使用椭圆工具<br>● 使用矩形工具<br>● 使用选择工具<br>● 使用线条工具<br>● 导入位图 |

## ➡ 具体步骤

**STEP 01**：设置文档。新建一个 Flash 文档，执行"修改→文档"命令，打开"文档设置"对话框，在对话框中将"舞台大小"设置为 580 像素（宽）×400 像素（高），如左下图所示。设置完成后单击"确定"按钮。

**STEP 02**：选择笔触颜色。选择绘图工具箱中的椭圆工具 ⬭ ，单击绘图工具箱中"颜色"栏中的 ✎ 按钮，在弹出的"颜色"面板中选择矩形边框的笔触颜色，这里选择黑色，如右下图所示。

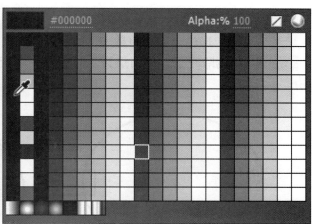

**STEP 03**：设置填充颜色。单击绘图工具箱中"颜色"栏中的 ✎ 按钮，在弹出的"颜色"面板中选择矩形边框的填充颜色，这里选择"无"，如左下图所示。

**STEP 04**：绘制椭圆。将鼠标移至舞台中，当其变为"-¦-"形状时，按住鼠标左键进行拖动即可绘制出如右下图所示的椭圆形。

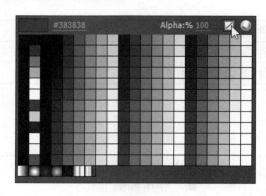
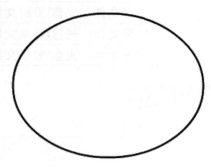

**STEP 05**：**绘制矩形**。选择绘图工具箱中的矩形工具 ▢ ，在椭圆下部绘制一个边框为黑色，填充为无的矩形，如左下图所示。

**STEP 06**：**删除线条**。使用选择工具 ▸ 选中多余的线条，按下"Delete"键删除，如右下图所示。

**STEP 07**：**绘制矩形**。选择绘图工具箱中的矩形工具 ▢ ，在舞台上绘制一个边框为黑色，填充为无的矩形作为小猪的鼻子，如左下图所示。

**STEP 08**：**删除线条**。使用选择工具 ▸ 选中多余的线条，按下"Delete"键删除，如右下图所示。

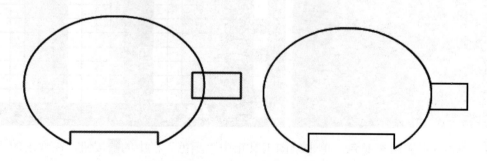

**STEP 09**：**调整线条**。将三条直线都调节成圆润的弧线，把鼠标放在直线上拖动即可调节，如左下图所示。

**STEP 10**：**绘制线条**。使用线条工具 ╱ 在猪鼻子上绘制两条竖线，然后使用选择工具 ▸ 调节成弧形，如右下图所示。

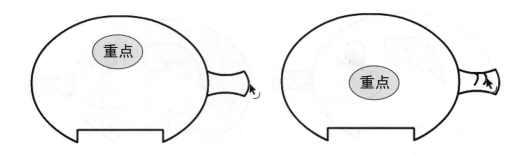

STEP 11：调整线条。使用线条工具 ╱ 绘制出嘴巴的线条，然后使用选择工具 ▶ 调整成向下弯曲以形成微笑的表情，如左下图所示。

STEP 12：绘制眼眶。使用椭圆工具 ⬭ 在舞台上绘制一个边框为黑色，填充为无的椭圆作为小猪的眼眶，如右下图所示。

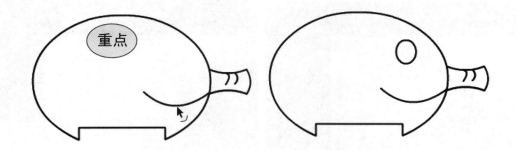

STEP 13：绘制眼珠。使用椭圆工具 ⬭ 在眼眶中绘制一个无边框，填充为黑色的椭圆，如左下图所示。

STEP 14：绘制耳朵。使用铅笔工具 ✎ 绘制一个形状作为小猪的耳朵，如右下图所示。

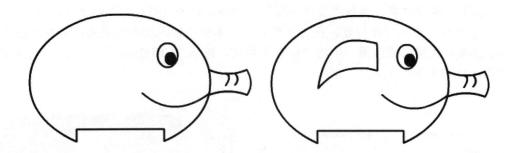

STEP 15：填充颜色。选择颜料桶工具 🪣，将填充颜色设置为粉紫色，在耳朵和鼻子上单击鼠标填充颜色，如左下图所示。

STEP 16：填充颜色。将填充颜色设置为粉紫色，在小猪身体上单击鼠标填充颜色，如右下图所示。

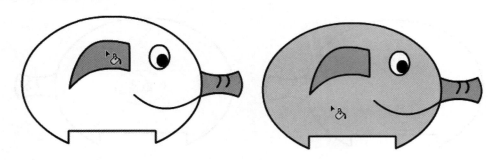

STEP 17：**导入图像**。执行"文件→导入→导入到舞台"命令,将一幅图像导入到舞台中,如左下图所示。

STEP 18：**选择右键菜单命令**。选中导入的图像右击,在弹出的快捷菜单中选择"排列→下移一层"命令,如右下图所示。

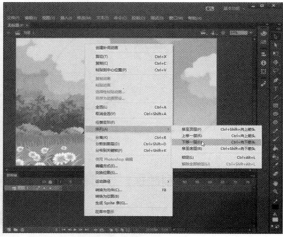

STEP 19：**保存文件**。执行"文件→保存"命令,打开"另存为"对话框,在"保存在"下拉列表中选择动画的保存位置,在"文件名"文本框中输入动画的名称,如左下图所示。

STEP 20：**欣赏最终效果**。单击"保存"按钮,按下"Ctrl+Enter"组合键,欣赏本例的完成效果,如右下图所示。

## 实例2：绘制咖啡杯

### ➡ 案例效果

| 素材文件：光盘\素材文件\第 2 章\2.jpg |
|---|
| 结果文件：光盘\结果文件\第 2 章\实例 2.fla |
| 教学文件：光盘\教学文件\第 2 章\实例 2.avi |

### ➡ 制作分析

本例难易度：★★★☆☆

| 关键提示： | 知识要点： |
|---|---|
| 本例通过综合使用椭圆工具、线条工具、选择工具、部分选取工具以及导入功能等来编辑制作。 | ● 使用椭圆工具<br>● 使用线条工具<br>● 使用选择工具<br>● 使用部分选取工具<br>● 导入位图 |

### ➡ 具体步骤

**STEP 01**：**设置文档**。新建一个 Flash 文档，执行"修改→文档"命令，打开"文档设置"对话框，在对话框中将"舞台大小"设置为 600 像素（宽）×430 像素（高），背景颜色设置为橙色，如左下图所示。设置完成后单击"确定"按钮。

**STEP 02**：**绘制椭圆**。选择绘图工具箱中的椭圆工具 ，在"属性"面板中设置笔触颜色为"#999999"，笔触高度为"1"，填充颜色为白色，在舞台中绘制一个椭圆形，如右下图所示。

STEP 03：缩放椭圆。单击选择工具，选中所绘制的椭圆，依次执行"编辑→复制"命令、"编辑→粘贴到当前位置"命令，将椭圆复制一个并粘贴到原位置，再执行"修改→变形→缩放和旋转"命令，在弹出的对话框中将缩放值设为"96%"，如左下图所示。完成后单击"确定"按钮。

STEP 04：调整线条。在工具箱中选择线条工具，在椭圆形的下方绘制一条直线，再使用选择工具调整线条，如右下图所示。

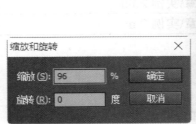

STEP 05：调整节点。在工具箱中选择部分选取工具，对线条的节点进行左下图的调整。

STEP 06：调整节点。按照同样的方法在椭圆形的右边制作一条弧线，然后通过部分选取工具对其进行节点调整，如右下图所示。

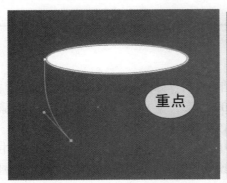

STEP 07：填充颜色。在工具箱中选择线条工具绘制杯子底部的线条，并使用部分选取工具，对其节点进行调整，然后使用工具箱中的颜料桶工具将其填充为白色，如左下图

所示。

STEP 08：**填充颜色**。选择线条工具 ╱ 绘制杯子的把柄，使用部分选取工具 ▶，进行调整，并填充为白色，如右下图所示。

STEP 09：**绘制椭圆**。使用椭圆工具 ⬬ 绘制一个同心的白色椭圆，如左下图所示。

STEP 10：**绘制小勺**。按照同样的方法通过椭圆工具 ⬬、线条工具 ╱ 和部分选取工具 ▶ 绘制一个白色的小勺，如右下图所示。

STEP 11：**组合图形**。使用选择工具 ▶ 选中绘制的所有图形，按下"Ctrl+G"组合键将其组合，如左下图所示。

STEP 12：**导入图像**。执行"文件→导入→导入到舞台"命令，将一幅图像导入到舞台中，如右下图所示。

STEP 13：**选择右键菜单命令**。选中导入的图像右击，在弹出的快捷菜单中选择"排列→下移一层"命令，如左下图所示。

STEP 14：**移动杯子**。使用选择工具将绘制的杯子图形移动到图像上的桌子上去，如右下图所示。

STEP 15：**欣赏最终效果**。保存文件，按下"Ctrl+Enter"组合键，欣赏本例的完成效果，如下图所示。

## 本章小结

本章重点给读者讲解在 Flash CC 中绘制图形的相关操作与技巧，这也是 Flash 用户经常需要使用的知识。熟练掌握这些工具的使用方法是 Flash 动画制作的关键。在学习的过程中，需要清楚各工具的用途及工具所对应属性面板里每个参数的作用，并能将多种工具配合使用，从而绘制出丰富多彩的各类图案。

# 第 3 章
# 填充与编辑图形

### 本章导读

Flash CC 所提供的绘图工具对于制作一个大型的动画项目而言是不够的,这时就需要掌握各种图形的编辑处理技巧与导入外部图像的操作方法。本章介绍各种图形的编辑处理技巧与导入外部图像的操作方法。

### 知识要点

- ◆ 刷子工具
- ◆ 颜料桶工具
- ◆ 滴管工具
- ◆ 墨水瓶工具
- ◆ 渐变变形工具
- ◆ 图形编辑工具
- ◆ 图形对象基本操作

### 案例展示

## 3.1 知识讲解——图形的填充

在 Flash CC 中用于图形填充的工具主要有刷子工具、颜料桶工具、滴管工具、墨水瓶工具和渐变变形工具 5 种。

### 3.1.1 刷子工具

刷子工具 可以创建特殊效果，使用刷子工具能绘制出刷子般的笔触，是在影片中进行大面积上色时使用的。使用"刷子工具"可以给任意区域和图形进行颜色填充，多用于对填充目标的填充精度要求不高的对象，使用起来非常灵活。刷子大小在更改舞台的缩放比率级别时也可以保持不变是它的特点，所以当舞台缩放比率降低时，同一个刷子大小就会显得更大。例如：用户将舞台缩放比率设置为 100%，并使用刷子工具以最小的刷子大小涂色，然后将缩放比率更改为 50%，用最小的刷子大小再绘制一次，此时绘制的新笔触就比以前的笔触粗一倍。

选择刷子工具后，使用刷子工具进行绘图之前，需要设置绘制参数，在这里主要是填充色的设置，可以在"属性"面板中设置。

当选中"刷子工具"时，Flash CC 的"属性"面板中将出现与刷子工具有关的属性，如下图所示。

可以看到，刷子工具的属性很简单，只有一个填充色的设置，其他选项都呈灰色不可设置。但"刷子工具"还有一些附加的功能选项，当选中刷子工具时，工具箱的"选项"面板中将出现刷子的附加功能选项，如左下图所示。下面详细介绍"选项"面板中各种选项的功能。

在选项区中单击"刷子模式" 按钮后，将弹出"刷子模式"下拉列表框，如右下图所示。

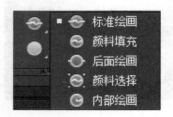

● 标准绘画：可以涂改舞台中的任意区域，会在同一图层的线条和填充上涂色。左下图是原始的图形，使用刷子的"标准绘画"模式对其上色后的效果如右下图所示。

● 颜料填充：只能涂改图形的填充区域，图形的轮廓线不会受其影响。左下图是使用"颜料填充"模式对图片填色后的效果。
● 后面绘画：涂改时不会涂改对象本身，只涂改对象的背景，不影响线条和填充，如右下图所示。

● 颜料选择：涂改只对预先选择的区域起作用，如左下图所示。
● 内部绘画：涂改时只涂改起始点所在封闭曲线的内部区域，如果起始点在空白区域，就只能在这块空白区域内涂改；如果起始点在图形内部，则只能在图形内部进行涂改，如右下图所示。

如果在刷子上色的过程中按下"Shift"键，则可在工作区中给一个水平或者垂直的区域上色；如果按下"Ctrl"键，则可以暂时切换到选择工具，对工作区中的对象进行选取。

除了可以为刷子工具设置绘图模式外，还可以选择刷子的大小和刷子的形状。要设置刷子的大小，可以在工具面板底部单击"刷子大小"按钮，然后在弹出的菜单中进行选择，如左下图所示。

要选择刷子的形状，只需要再单击"刷子大小"旁边的"刷子形状"按钮，然后在弹出的菜单中选择即可，如右下图所示。

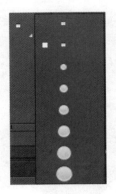 

在使用刷子工具填充颜色时，为了得到更好的填充效果，还可以用"选项"工具中的按钮，对图形进行锁定填充。

### 3.1.2 颜料桶工具

颜料桶工具 是绘图编辑中常用的填色工具，对封闭的轮廓范围或图形块区域进行颜色填充。这个区域可以是无色区域，也可以是有颜色的区域。填充颜色可以使用纯色，也可以使用渐变色，还可以使用位图。单击工具箱中的颜料桶工具，光标在工作区中变成一个小颜料桶，此时颜料桶工具已经被激活。

颜料桶工具有3种填充模式：单色填充、渐变填充和位图填充。通过选择不同的填充模式，可以使用颜料桶制作出不同的效果。在工具栏的"选项"面板内，有一些针对颜料桶工具特有的附加功能选项，如左下图所示。

1. 空隙大小

单击"空隙大小"按钮，弹出一个下拉列表框，用户可以在此选择颜料桶工具判断近似封闭的空隙宽度，"空隙大小"下拉列表如右下图所示。

# 第 3 章 填充与编辑图形

- 不封闭空隙：颜料桶只对完全封闭的区域填充，有任何细小空隙的区域填充都不起作用。
- 封闭小空隙：颜料桶可以填充完全封闭的区域，也可对有细小空隙的区域填充，但是空隙太大填充仍然无效。
- 封闭中等空隙：颜料桶可以填充完全封闭的区域，对细小空隙的区域、中等大小的空隙区域也可以填充，但对大空隙区域填充无效。
- 封闭大空隙：颜料桶可以填充完全封闭的区域、有细小空隙的区域、中等大小的空隙区域，也可以对大空隙填充，不过空隙的尺寸过大，颜料桶也是无能为力的。

2. 填充颜色

下面介绍如何使用颜料桶工具填色。

**STEP 01**：**绘制图形**。在绘图工具箱中选择铅笔工具 ，在舞台上绘制一个不封闭的图形，如左下图所示。

**STEP 02**：**单击颜料桶工具**。在绘图工具箱中选择 按钮，舞台中的鼠标变为颜料桶图标形状，在绘图工具箱的"选项"面板中将出现颜料桶工具的附加设置属性，如右下图所示。

**STEP 03**：**单击封闭模式按钮**。单击选项选区中的 按钮，将弹出如左下图所示的"封闭模式"下拉列表，可以在该下拉列表中选择一种空隙封闭模式。

**STEP 04**：**设置填充色**。在如右下图所示的"颜色"面板中设置好所需的填充色，此处填充色为红色。

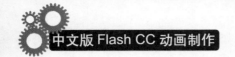

STEP 05：填充颜色。在绘图工具箱中选择颜料桶工具 ，在绘制的不封闭图形上单击鼠标进行填充，效果如下图所示。

**新手注意** 填充区域的缺口大小只是一个相对的概念，即使是封闭大空隙，实际上也是很小的。

### 3.1.3 滴管工具

滴管工具 用于对色彩进行采样，可以拾取描绘色、填充色以及位图图形等。在拾取描绘色后，"滴管工具"自动变成"墨水瓶工具"，在拾取填充色或位图图形后自动变成"颜料桶工具"。在拾取颜色或位图后，一般使用这些拾取到的颜色或位图进行着色或填充。

滴管工具并没有自己的属性。工具箱的选项面板中也没有相应的附加选项设置，这说明滴管工具没有任何属性需要设置，其功能就是对颜色的采集。

使用滴管工具时，将滴管的光标先移动到需要采集色彩特征的区域上，然后在需要某种色彩的区域上单击，即可将滴管所在那一点具有的颜色采集出来，接着移动到目标对象上再单击，这样，刚才所采集的颜色就被填充到目标区域了。

### 3.1.4 墨水瓶工具

使用墨水瓶工具 可以更改线条或者形状轮廓的笔触颜色、宽度和样式。对直线或形状轮廓只能应用纯色，而不能应用渐变或位图。

下面介绍使用墨水瓶工具进行填充的方法，其操作步骤如下。

选择绘图工具箱中的墨水瓶工具 ，打开"属性"面板，在面板中设置笔触颜色和笔触高度等参数，如左下图所示。

墨水瓶工具的"属性"面板中各项参数的功能分别介绍如下。

- 笔触颜色按钮 ：设置填充边线的颜色。

- 笔触：设置填充边线的粗细，数值越大，填充边线就越粗。
- "样式"下拉列表：设置图形边线的样式，有极细、实线和其他样式。
- 编辑笔触样式按钮：单击该按钮打开"笔触样式"对话框，在其中可以自定义笔触样式，如右下图所示。

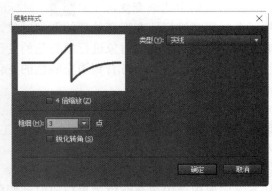

- 缩放：限制 Player 中的笔触缩放，防止出现线条模糊。该项包括一般、水平、垂直和无 4 个选项。
- 提示：将笔触锚记点保存为全像素，以防止出现线条模糊。

选择工具箱中的墨水瓶工具。一旦墨水瓶工具被选中，光标在工作区中将变成一个小墨水瓶的形状，表明此时已经激活了墨水瓶工具，可以对线条进行修改或者给无轮廓图形添加轮廓了。

选中需要使用墨水瓶工具来添加轮廓的图形对象，在"属性"面板中设置好线条的色彩、粗细及样式，将鼠标移至图像边缘并单击，为图像添加边框线。左下图为原图，右下图为添加边框线后的效果。

如果墨水瓶的作用对象是矢量图形，则可以直接给其加轮廓。如果对象是文本或位图，则需要先按下"Ctrl+B"组合键将其分离或打散，然后才可以使用墨水瓶添加轮廓。

### 3.1.5 渐变变形工具

渐变变形工具 ■ 主要用于对填充颜色进行各种方式的变形处理，如选择过渡色、旋转颜色和拉伸颜色等。通过使用渐变变形工具，用户可以将选择对象的填充颜色处理为需要的各种色彩。在影片制作中经常要用到颜色的填充和调整，因此，熟练使用该工具也是掌握 Flash 的关键之一。

首先，单击工具箱中的渐变变形工具 ■，鼠标的右下角将出现一个具有梯形渐变填充的矩形，然后选择需要进行填充形变处理的图像对象，被选择的图形四周将出现填充变形调整手柄。通过调整手柄对选择的对象进行填充色的变形处理，具体处理方式可根据由鼠标显示不同形状来进行。处理后，即可看到填充颜色的变化效果。渐变变形工具没有任何属性需要设置，直接使用即可。

下面介绍使用渐变变形工具的具体操作方法。

**STEP 01**：**绘制椭圆**。在绘图工具箱中选择椭圆工具 ●，在舞台上绘制一个无填充色的椭圆，如左下图所示。

**STEP 02**：**单击选择工具**。单击颜料桶 按钮，在颜色选区中选择 按钮，从弹出的"颜色样本"面板中选中填充颜色为黑白放射渐变色，如右下图所示。

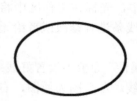
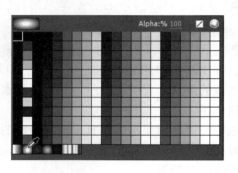

**STEP 03**：填充椭圆。在舞台上单击已绘制的椭圆图形，将其填充，如左下图所示。

**STEP 04**：调整图形的渐变效果。选择渐变变形工具 ■，在舞台的椭圆填充区域内单击，这时在椭圆的周围出现了一个渐变圆圈，在圆圈上共有 4 个控制点，拖动这些控制点填充色会发生变化，如右下图所示。

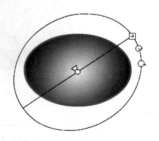

下面简要介绍这 4 个控制点的使用方法。

- "调整渐变圆的中心"：用鼠标拖动位于图形中心位置的圆形控制点，可以移动填充中心的亮点的位置。

- "调整渐变圆的长宽比"：用鼠标拖动位于圆周上的方形控制点，可以调整渐变圆的长宽比。
- "调整渐变圆的大小"：用鼠标拖动位于圆周上的渐变圆大小控制点，可以调整渐变圆的大小。
- "调整渐变圆的方向"：用鼠标拖动位于圆周上的渐变圆方向控制点，可以调整渐变圆的倾斜方向。

## 3.2 知识讲解——图形编辑工具

用于图形编辑的工具主要有橡皮擦工具、任意变形工具和套索工具3种。

### 3.2.1 橡皮擦工具

橡皮擦工具 可以方便地清除图形中多余的部分或错误的部分，是绘图编辑中常用的辅助工具。使用橡皮擦工具很简单，只需要在工具面板中单击橡皮擦工具 ，将鼠标移到要擦除的图像上，按住鼠标左键拖动，即可将经过路径上的图像擦除。

#### 1. 橡皮擦模式

使用橡皮擦工具 擦除图形时，可以在工具面板中选择需要的橡皮擦模式，以应对不同的情况。在工具面板的属性选项区域中可以选择"标准擦除"、"擦除填色"、"擦除线条"、"擦除所选填充"和"内部擦除"5种图形擦除模式，它们的编辑效果与"刷子工具"的绘图模式相似。

在工具箱中选择橡皮擦工具 ，然后在面板下方的选项区域中单击"橡皮擦模式"按钮 ，将弹出下拉菜单，如左下图所示。

- 标准擦除：正常擦除模式，是默认的直接擦除方式，对任何区域都有效，如右下图所示。

- 擦除填色：只对填色区域有效，对图形中的线条不产生影响，如左下图所示。
- 擦除线条：只对图形的笔触线条有效，对图形中的填充区域不产生影响，如右下图所示。

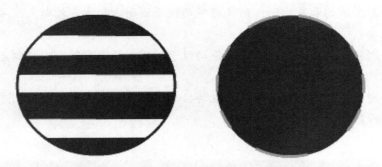

- 擦除所选填充：只对选中的填充区域有效，对图形中其他未选中的区域无影响，如左下图所示。
- 内部擦除：只对鼠标按下时所在的颜色块有效，对其他的色彩不产生影响，如右下图所示。

单击工具面板属性选项区域中的"橡皮擦形状"按钮，在弹出的菜单中选择橡皮擦形状，如左下图所示。

将光标移到图像内部要擦除的颜色块上，按住鼠标左键来回拖动，即可将选中的颜色块擦除，而不影响图像的其他区域，如右下图所示。

### 2. 水龙头

水龙头 的功能类似颜料桶和墨水瓶功能的反作用，也就是要将图形的填充色整体去掉，或者将图形的轮廓线全部擦除，只需在要擦除的填充色或者轮廓线上单击即可。要使用"水龙头"工具，只需要选中"橡皮擦"工具，在"选项"面板单击"水龙头"按钮即可，如下图所示。

第 3 章 填充与编辑图形

> "橡皮擦工具"只能对矢量图形进行擦除,对文字和位图无效,如果要擦除文字或位图,必须首先将其打散;如果要快速擦除矢量色块和线段,可在选项框中单击"水龙头工具" ,再单击要擦除的色块即可。

## 3.2.2 任意变形工具

任意变形工具 主要用于对各种对象进行缩放、旋转、倾斜扭曲和封套等操作。通过任意变形工具,可以将对象变形为自己需要的各种样式。

任意变形工具没有相应的"属性"面板。但在工具箱的"选项"面板中,它有一些选项设置,设有相关的工具。其具体的选项设置如左下图所示。

选择任意变形工具 ,在工作区中单击将要进行形变处理的对象,对象四周将出现调整手柄。或者先用选择工具将对象选中,然后选择任意变形工具,也会出现如右下图所示的调整手柄。

通过调整手柄对选择的对象进行各种变形处理,可以通过工具箱"选项"面板中的任意变形工具的功能选项来设置。

### 1. 旋转

按下"选项"面板中的旋转与倾斜按钮 ,将光标移动到所选图形边角上的黑色小方块上,在光标变成 形状后按住并拖动鼠标,即可对选取的图形进行旋转处理,如左下图所示。

47

移动光标到所选图像的中心，在光标变成 ▶ 形状后对白色的图像中心点进行位置移动，可以改变图像在旋转时的轴心位置，如右下图所示。

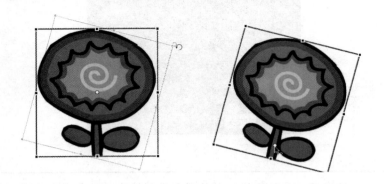

**2. 缩放**

按下"选项"面板中的缩放按钮 ⬚，可以对选取的图形做水平、垂直缩放或等比的大小缩放，如左下图所示。

**3. 扭曲**

按下"选项"面板中的扭曲按钮 ⬚，移动光标到所选图形边角的黑色方块上，在光标改变为 ▷ 形状时按住鼠标左键并拖动，可以对绘制的图形进行扭曲变形，如右下图所示。

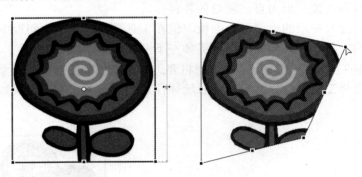

**4. 封套**

按下"选项"面板中的封套按钮 ⬚，可以在所选图形的边框上设置封套节点，用鼠标拖动这些封套节点及其控制点，可以很方便地对图形进行造型，如下图所示。

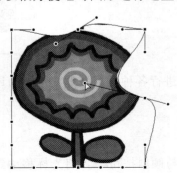

## 3.2.3 套索工具

套索工具 是用来选择对象的,这点与选择工具的功能相似。和选择工具相比,套索工具的选择方式有所不同。使用套索工具可以自由选定要选择的区域,而不像"选择工具"将整个对象都选中。

：魔术棒工具,单击该工具在位图中快速选择颜色近似的所有区域。在对位图进行魔术棒操作前,必须先将该位图打散,再使用"魔术棒工具"进行选择,如下图所示。只要在图上单击,就会有连续的区域被选中。

：魔术棒属性,单击该按钮打开"魔术棒设置"对话框,如左下图所示。
- 阈值:用来设置所选颜色的近似程度,只能输入 0~500 之间的整数,数值越大,差别大的其他邻接颜色就越容易被选中。
- 平滑:所选颜色近似程度的单位,默认为"一般"。

：多边形模式,单击该按钮切换到多边形套索模式,通过配合鼠标的多次单击,圈选出直线多边形选择区域,如右下图所示。

在使用套索工具对区域进行选择时,要注意以下几点:
- 在划定区域时,如果勾画的边界没有封闭,套索工具会自动将其封闭。
- 被套索工具选中的图形元素将自动融合在一起,被选中的组和符号则不会发生融合现象。
- 逐一选择多个不连续区域的话,可以在选择的同时按下"Shift"键,然后使用套索工具逐一选中欲选区域。

## 3.3 知识讲解——图形对象基本操作

图形对象的基本操作主要包括选取图形、移动图形、对齐图形、复制图形。

### 3.3.1 选取图形

选取图形时因为图形的不同主要有以下几种方法：

- 如果对象是元件或组合物体，只需在对象上单击即可。被选取的对象四周出现蓝色的实线框，效果如左下图所示。
- 如果所选对象是被打散的，则按下鼠标左键拖动鼠标指针框选要选取的部分，被选中的部分以点的形式显示，效果如右下图所示。

- 如果选取的对象是从外导入的，则以花框显示，效果如下图所示。

### 3.3.2 移动图形

移动图形不但可以使用不同的工具，还可以使用不同的方法，下面介绍几种常用的移动图形的方法。

- 用选择工具移动的方法为：用选择工具选中要移动的图形，将图形拖动到下一个位置即可，如左下图所示。
- 用部分选取工具移动的方法为：用部分选取工具选中要移动的图形，其图形外框将出现一圈绿色的带节点的框线，此时，只能将鼠标移动到该框线上，将图形拖动到下一个位置，如右下图所示。

- 用"任意变形工具"移动的方法为：用"任意变形工具"选中要移动的图形，当鼠标指针变为 ✥ 形状时，将图形拖动到下一个位置即可，如左下图所示。
- 使用快捷菜单移动图形的方法为：选中要移动的图形右击，在弹出的如右下图所示的快捷菜单中选中"剪切"命令，选中要移动的目的方位，然后右击，在弹出的快捷菜单中选中"粘贴"命令即可。

 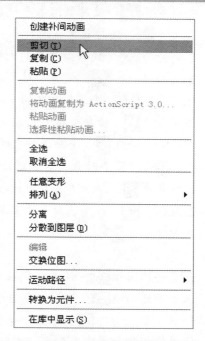

- 使用快捷键移动图形的方法为：选中要移动的图形，按下"Ctrl+X"组合键剪切图形，再按下"Ctrl+V"组合键粘贴图形。

### 3.3.3 对齐图形

为了使创建的多个图形排列起来更加美观，Flash 提供了"对齐"面板来帮助用户排列对象。

执行"窗口→对齐"命令或按下"Ctrl+K"组合键都可以打开如下图所示的"对齐"面板。该面板中各按钮的含义如下。

- 左对齐 ：使对象靠左端对齐。
- 水平中齐 ：使对象沿垂直线居中对齐。
- 右对齐 ：使对象靠右端对齐。
- 上对齐 ：使对象靠上端对齐。
- 垂直中齐 ：使对象沿水平线居中对齐。
- 底对齐 ：使对象靠底端对齐。
- 顶部分布 ：使每个对象的上端在垂直方向上间距相等。
- 垂直居中分布 ：使每个对象的中心在水平方向上间距相等。
- 底部分布 ：使每个对象的下端在水平方向上间距相等。
- 左侧分布 ：使每个对象的左端在水平方向上左端间距相等。
- 水平居中分布 ：使每个对象的中心在垂直方向上间距相等。
- 右侧 ：使每个对象的右端在垂直方向上间距相等。
- 匹配宽度 ：以所选对象中最长的宽度为基准，在水平方向上等尺寸变形。
- 匹配高度 ：以所选对象中最长的高度为基准，在垂直方向上等尺寸变形。
- 匹配宽和高 ：以所选对象中最长和最宽的长度为基准，在水平和垂直方向上同时等尺寸变形。
- 垂直平均间隔 ：使各对象在垂直方向上间距相等。
- 水平平均间隔 ：使各对象在水平方向上间距相等。
- 相对于舞台分布 ：当按下该按钮时，调整图像的位置时将以整个舞台为标准，使图像相对于舞台左对齐、右对齐或居中对齐。若该按钮没有按下，图形对齐时以各图形的相对位置为标准。

### 3.3.4 复制图形

Flash 中复制图形的基本方法主要有以下几种。

- 用选择工具复制的方法为：用选择工具选中要复制的图形，按住"Ctrl"键的同时，鼠标指针的右下侧变为"＋"号，将图形拖动到下一个位置即可，如下图所示。

第 3 章 填充与编辑图形

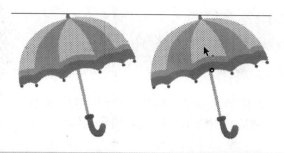

- 用任意变形工具复制的方法为：用任意变形工具选中要复制的图形，按住"Alt"键的同时，指针的右下侧变为"+"号，将图形拖动到要复制的位置即可。
- 使用快捷键复制图形的方法为：选中要移动的图形，按下"Ctrl+C"组合键复制图形，再按下"Ctrl+V"组合键粘贴图形。
- 若要将动画中某一帧中的内容粘贴到另一帧中的相同位置，只需选中要复制的图形，按下"Ctrl+C"组合键复制图形，切换到动画的另一帧中，右击空白处，在弹出的快捷菜单中选择"粘贴到当前位置"命令即可。

## 3.4 知识讲解——图形的编辑

下面介绍图形的编辑操作。

### 3.4.1 将线条转换成填充

执行"修改→形状→将线条转换成填充"命令，将选中的边框线条转换成填充区域，可以对线条的色彩范围做细致的造型编辑，还可避免在视图显示比例被缩小后线条出现的锯齿现象，如左下图所示。

### 3.4.2 图形扩展与收缩

执行"修改→形状→扩展填充"命令，可以在打开的"扩展填充"对话框中设置图形的扩展距离与方向，对所选图形的外形进行加粗、细化处理，如右下图所示。完成后单击"确定"按钮即可。

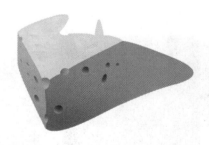

"扩展填充"对话框中各项参数的功能分别介绍如下。

- 距离：设置扩展宽度，以像素为单位。

- 扩展：以图形的轮廓为界，向外扩散、放大填充。
- 插入：以图形的轮廓为界，向内收紧、缩小填充。

### 3.4.3 柔化填充边缘

执行"修改→形状→柔化填充边缘"命令，在弹出的"柔化填充边缘"对话框中可以进行边缘柔化效果的设置，如左下图所示。使所选图形边缘产生多个逐渐透明的图形层，形成边缘柔化的效果。

- 距离：边缘柔化的范围，数值在 1～144 之间。
- 步长数：柔化边缘生成的渐变层数，可以最多设置 50 个层。
- 方向：选择边缘柔化的方向是向外扩散还是向内插入。

### 3.4.4 转换位图为矢量图

执行"修改→位图→转换位图为矢量图"命令，弹出如右下图所示的对话框，在对话框中设置好图形转换参数后，单击"确定"按钮，Flash 将依据设置的数值对选中的位图进行转换。转换后的位图具有矢量图形的特性，这样可以很方便地取得漂亮的素材图形，提高动画制作的工作效率。对话框上各项的功能如下。

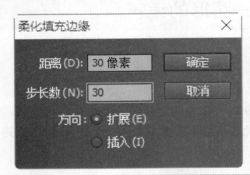
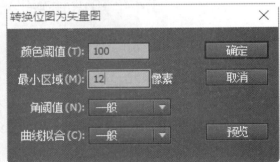

- 颜色阈值：在文本框中输入色彩容差值。
- 最小区域：色彩转换最小差别范围大小。
- 角阈值：图像转换折角效果。
- 曲线拟合：用于确定绘制的轮廓的平滑程度。

将位图转换为矢量图的效果如下图所示。

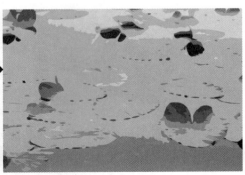

第 3 章 填充与编辑图形

将位图转换成矢量图时,设置的色彩阈值越高,转角越多,则取得的矢量图形越清晰,文件越大;设置的色彩阈值越低,折角越少,则转换后图形中的颜色方块越少,文件越小。

## 3.5 同步训练——实战应用

### 实例 1: 美丽壮观的日出

➡ 案例效果

| 素材文件:光盘\素材文件\第 3 章\1.jpg |
| 结果文件:光盘\结果文件\第 3 章\实例 1.fla |
| 教学文件:光盘\教学文件\第 3 章\实例 1.avi |

➡ 制作分析

本例难易度:★★☆☆☆

| 关键提示: | 知识要点: |
|---|---|
| 本例主要通过渐变变形工具来制作,在填充渐变的过程中,对渐变色的修改所花费的时间往往多于渐变色的编辑和填充时间。要对渐变色进行准确修改,首先要掌握渐变变形工具中的几个控制点的作用。 | ● 使用椭圆工具<br>● 使用"颜色"面板<br>● 使用渐变变形工具 |

## 具体步骤

**STEP 01**：设置文档。新建一个 Flash 文档，执行"修改→文档"命令，打开"文档设置"对话框，在对话框中将"舞台大小"设置为 600 像素（宽）×400 像素（高），将背景颜色设置为黑色，如左下图所示。设置完成后单击"确定"按钮。

**STEP 02**：选择填充颜色。执行"窗口→颜色"命令，打开"颜色"面板，将填充样式设置为"径向渐变"，添加 4 个颜色块，将填充颜色全部设置为白色，将各颜色块的透明度依次设置为"100%"、"10%"、"33%"、"0%"，如右下图所示。

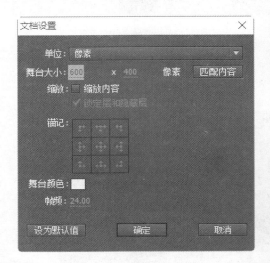
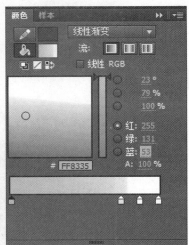

**STEP 03**：设置笔触颜色。选择"椭圆工具"，在"属性"面板中设置笔触颜色为"无"，如左下图所示。

**STEP 04**：绘制正圆。按住"Shift"键，在文档中按住鼠标左键拖动绘制一个正圆形，如右下图所示。

**STEP 05**：调整填充颜色。选择渐变变形工具，对正圆的填充位置进行调整，如左下图。

**STEP 06**：组合图形。选中所绘制的圆，执行"修改→组合"命令或者按下"Ctrl+G"

组合键将其组合,如右下图所示。

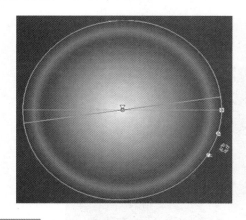
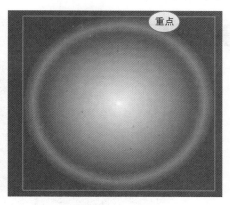

STEP 07:**导入背景图片**。执行"文件→导入→导入到舞台"命令,将一幅背景图片导入到舞台上,如左下图所示。

STEP 08:**改变排列顺序**。将背景图片移至下层,使绘制的正圆显示出来,如右下图。

STEP 09:**欣赏最终效果**。保存文件,按下"Ctrl+Enter"组合键,欣赏本例的完成效果,如下图所示。

## 实例2：雨天的小花伞

➡️ 案例效果

| 素材文件：光盘\素材文件\第 3 章\2.jpg、3.jpg |
| --- |
| 结果文件：光盘\结果文件\第 3 章\实例 2.fla |
| 教学文件：光盘\教学文件\第 3 章\实例 2.avi |

➡️ 制作分析

**本例难易度**：★★★☆☆

| 关键提示： | 知识要点： |
| --- | --- |
| 　　在制作动画的过程中，有时需要导入的位图图片有白色的背景，假如将其放在场景中的话，就会出现一个白色的底色，可以先将位图分离，然后使用魔术棒工具去除底色。 | ● 导入图像<br>● 打散图形<br>● 使用魔术棒工具 |

➡️ 具体步骤

**STEP 01**：**设置文档**。新建一个 Flash 文档，执行"修改→文档"命令，打开"文档设置"对话框，在对话框中将"舞台大小"设置为 520 像素（宽）×380 像素（高），如左下图所示。设置完成后单击"确定"按钮。

**STEP 02**：**导入图像**。执行"文件→导入→导入到舞台"命令，将一幅背景图片导入到舞台上，如右下图所示。

# 第3章 填充与编辑图形

**STEP 03**：**导入雨伞图像**。继续将一幅雨伞图像导入到舞台上，如左下图。可以看到导入的图片有白色的底色，图与背景格格不入。

**STEP 04**：**分离图像**。将雨伞图片移动到舞台外，选择所有导入的图像，执行"修改→分离"命令，将其分离，如右下图。

**STEP 05**：**选择魔术棒选项**。在绘图工具箱中两次单击套索工具 ，在弹出的扩展菜单中选择"魔术棒"选项，如左下图所示。

**STEP 06**：**调整节点**。执行"窗口→属性"命令，弹出"魔术棒设置"对话框，在"阈值"文本框中输入30，在"平滑"下拉列表中选择"平滑"选项，如右下图所示。完成后单击"确定"按钮。

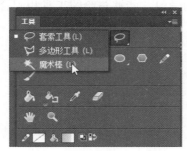

STEP 07：删除底色。在工具箱中选择魔术棒工具，在图像中单击白色部分并按下"Delete"键将其删除，如左下图所示。

STEP 08：删除底色。选择雨伞图片，将其拖动到舞台中，如右下图所示。

STEP 09：欣赏最终效果。保存文件，按下"Ctrl+Enter"组合键，欣赏本例的完成效果，如下图所示。

## 本章小结

　　本章介绍了图形的填充与编辑。需要注意的是，要编辑导入的位图，必须将位图打散，否则不能进行编辑。希望读者通过对本章内容的学习，能够与绘图工具相配合，编辑制作出个性十足、造型精美的动画作品。

# 第 4 章

# Flash 中的文本处理

### 本章导读

本章主要讲述 Flash CC 中文本工具的使用，并介绍如何将文本对象转变为矢量图形，通过这样的转变对文本进行更复杂、更自由的编辑，使文本呈现出更加丰富多彩的效果。

### 知识要点

- ◆ 输入文本
- ◆ 修改字形
- ◆ 文本的基本属性设置
- ◆ 文本属性的高级设置
- ◆ 将文本作为整体对象编辑
- ◆ 文字描边

### 案例展示

## 4.1 知识讲解——文本工具的基本使用

Flash CC 拥有的强大功能不仅使其在绘图上得心应手，而且在文字创作上也非同凡响。运用它不仅可以创作出如浮雕、金属等效果的静态文字，并且还可以赋予文字交互性。虽然它的文字处理能力不能与一些图形处理软件相比，但是对于一个动画软件来说，其文字处理功能已不可小视。在 Flash 中加入文字时，需要使用"文本工具"来完成。

### 4.1.1 选择文本工具

选择绘图工具箱中的文本工具 T，将鼠标移到舞台中，鼠标变成十字光标并出现字母 T，如左下图。

文本工具的功能是输入和编辑文字。在制作影片时，没有特殊需要一般将文字单独放入一个图层便于对其进行编辑。文字和图形如果在同一图层，则以输入的先后顺序来决定其在舞台中显示的上下关系；在不同图层，则以图层的顺序来决定上下关系。

### 4.1.2 输入文本

要在 Flash 中输入文字很简单，只需要在工具面板中选择文本工具 T，当鼠标光标变成十形状后，移动鼠标到绘图工作区中适当的位置，按下鼠标左键创建文本输入框，然后输入文字内容即可，如右下图。

Flash CC 中文本工具的输入方式分为两种：标签输入方式、文本块输入方式。

**1. 标签输入方式**

选择文本工具后，回到编辑区单击空白区域，出现矩形框加圆形的图标，这便是标签输入方式，用户可直接输入文本。标签输入方式可随着用户输入文本的增多而自动横向延长，拖动圆形标志可增加文本框的长度，按下"Enter"键则是纵向增加行数。

**2. 文本块输入方式**

选择文本工具后，将文本工具的光标移动到所需的区域，按下鼠标左键不放，横向拖动到一定位置松开左键,就会出现矩形框加正方形的图标，这便是文本块输入方式。用户在输入文本时,其文本框的宽度是固定的,不会因为输入的增多而横向延伸,但是文本框会自动换行。

在文本输入过程中,标签输入方式和文本块输入方式可自由变换。当处于标签输入方式要转换成文本块输入方式时,可通过左右拖曳圆形图标来达到转换的目的。如果处于文本块输入方式向标签输入方式转变时,用户可双击正方形图标切换到标签输入方式中。

### 4.1.3 修改字形

Flash CC 把输入的文本默认为一个整体的对象,如果想对其中每个字进行修改就必须将其打散。选中输入的文本,执行"修改→分离"命令两次,将文本分离也称为打散,文本转变为独立的矢量图形。使用选取工具可以对它们进行形状上的修改操作,如左下图所示。

文字输入后往往会出现锯齿,为了让文字边缘平滑,用户可以执行"视图→预览模式→消除文字锯齿"命令,如右下图所示。

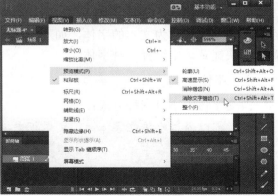

### 4.1.4 文本的基本属性设置

文本的基本属性包括文本类型,文本的字体,字号,文本颜色,切换粗体,改变文本方向,对齐方式,格式选项等。文本的属性设置可以通过文本"属性"面板来完成。选中输入的文本后,文本"属性"面板如左下图所示。

1. **文本类型**

文本"属性"面板上的"静态文本"下拉列表用来设置输入文本的类型,分别为静态文本、动态文本和输入文本,如右下图所示。

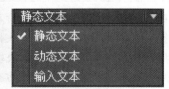

- 静态文本：文本内容在影片制作过程中被确定，在没有制作补间动画的前提下，影片播放过程中不可改变。
- 动态文本：在影片制作过程中文本内容可有可无，主要通过脚本在影片播放过程中对其中的内容进行修改，不是依靠人工通过键盘输入来改变，一般用在制作类似有计算器输出结果框的影片中。
- 输入文本：同样是在影片制作过程中文本内容可有可无，与动态文本不同的是，其内容的改变主要是人工通过键盘输入，一般用在制作类似申请表的影片中。

2. 字体

在文本"属性"面板上的"字体"下拉列表 等线 中，可以选择硬盘上存储的某个字体作为文本的字体，如左下图所示。也可以通过执行"文本→字体"命令，在弹出的快捷菜单中选择一种字体。

3. 字体大小

改变字体大小有三种方式：

- 可以通过直接在字体大小文本框中拖动来改变文字的大小。
- 可以直接在字体大小文本框 大小：12.0 磅 中输入想要的字号，这种方法最为准确。
- 执行"文本→大小"命令，来选择当前文字的字体大小。

4. 文本（填充）颜色

要设置或改变当前文本的颜色，可以单击 ■ 按钮调出颜色样板，如右下图所示。在颜色样板中即可为当前文本选择一种颜色。

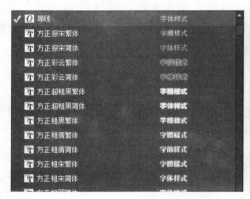
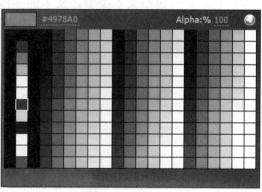

5. 改变文本方向

单击 按钮,在弹出的下拉列表中进行选择,可以改变当前文本输入的方向,如左下图所示。

6. 对齐方式

单击 按钮,可以为当前段落选择文本的对齐方式。这四个按钮分别对应"左对齐"、"居中对齐"、"右对齐"、"两端对齐"四种对齐方式。

## 4.2 知识讲解——文本属性的高级设置

基本属性设置只是对文本的外形进行编辑,本节所介绍的文本属性高级设置将对文本的样式和功能进行设置。同样,文本属性高级设置也是在文本"属性"面板中完成的。

### 4.2.1 字母间距

字母间距的设置只在文本类型为静态文本时才起作用,用户可以使用它调整选定字符或整个文本块的间距。在 中输入数字,字符之间会插入统一的间距,如右下图所示。

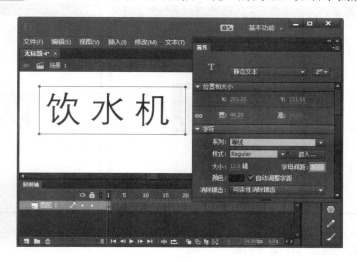

### 4.2.2 实例名称

实例名称用来标识不同的文本,此名称主要用于脚本编辑中对文本的称呼,只有动态文本和输入文本有此属性,如左下图所示。

### 4.2.3 显示边框

显示边框 只有动态文本和输入文本才有此功能,单击此按钮,在影片输出后,文字的周围会出现矩形线框,如右下图所示。

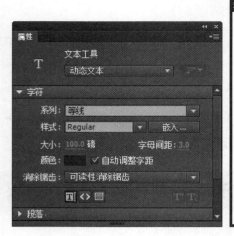

### 4.2.4 可选文字

单击可选按钮,影片输出后,可以对文本进行选取,按下鼠标右键弹出文本的快捷菜单,如左下图所示;没有选择此项,影片输出后,不能对文本进行选取,并且按下鼠标右键弹出的菜单内容也有所不同,如右下图所示。

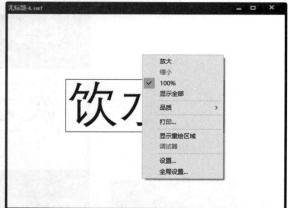

### 4.2.5 添加 URL 链接

为静态文本和动态文本设置超级链接,在"链接"文本框中输入链接的地址。在下方的"目标"下拉列表中可设置打开超级链接的方式。Flash CC 提供了四个选项:"_blank"、"_parent"、"_self"、"_top","_blank"将被链接文档载入新的未命名浏览器窗口中;"_parent"将被链接文档载入父框架集或包含该链接的框架窗口中;"_self"将被链接文档载入与该链接相同的框架或窗口中;"_top"将被链接文档载入整个浏览器窗口并删除所有框架。如果对目标没有做出选择,默认为在原窗口中打开,其在"属性"面板中的位置,如下图所示。

# 第4章 Flash 中的文本处理

## 4.3 知识讲解——文本对象的编辑

下面介绍在 Flash CC 中文本对象的编辑操作。

### 4.3.1 将文本作为整体对象编辑

对文本进行编辑可以将输入的文本看作一个整体来编辑，也可以将文本中的每个字作为独立的编辑对象。需要改变整体的文本，一般是对文本的字体、大小、颜色、整体的倾斜度等进行调整。对文本中独立的字进行编辑，则多为剪切、复制、粘贴某个文字。

对文本对象作为一个整体进行编辑的具体方法如下。

**STEP 01**：**选择文本**。使用文本工具 T 在编辑区中输入文本。单击工具箱中的选择工具，选择编辑区中的文本块，文本块的周围出现蓝色边框，表示文本块已选中，如左下图。

**STEP 02**：**调整文本**。单击工具箱中的任意变形工具，文本四周出现调整手柄，并显示出文本的中心点，通过对手柄的拖动，调整文本的大小、倾斜度、旋转角度，如右下图。

如果要编辑文本的字体、颜色、字号、样式等属性，只需选中要编辑的文本，执行"窗口→属性"命令，打开"属性"面板，在"属性"面板里设置相应的属性即可，如左下图。

如果要编辑文本对象中部分文字，可以使用选取工具双击输入的文本，文本变为可编辑状态，用光标选择需要编辑的文字，选中的文字底色会变为黑色，表示已选中，如右下图。

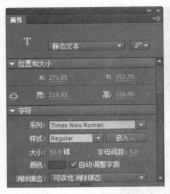 

这时可以对文字进行各种编辑操作，如：删除、剪切、复制、粘贴。

- 删除文本：选择要删除的文字，按下"Delete"键或"BackSpace"键。
- 复制文本：选择要复制的文字，执行"编辑→复制"命令（组合键"Ctrl+C"）。
- 粘贴文本：复制文字后，执行"编辑→粘贴到当前位置"命令（组合键"Ctrl+Shift+V"）。
- 剪切文本：选择要剪切的文字，执行"编辑→剪切"命令（组合键"Ctrl+X"）。

### 4.3.2 文字描边

在 Flash CC 里，还可以编辑描边文字效果，沿着文字的轮廓为其添加与文字不同颜色的线条。这种编辑方式只能对被打散为矢量图形的文本使用，左下图为原始文本，右下图为经过打散后的文本。

选择工具箱中的"墨水瓶工具" ，在"属性"面板中设置好笔触高度为 2、笔触样式为实线、笔触颜色为红色，如左下图所示。接着在文本图形的边缘按下鼠标左键，为文字描边，如右下图所示。

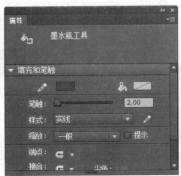 

## 4.4　同步训练——实战应用

实例 1：制作斑点文字

➡ 案例效果

 | 素材文件：光盘\素材文件\第 4 章\1.jpg
| 结果文件：光盘\结果文件\第 4 章\实例 1.fla
| 教学文件：光盘\教学文件\第 4 章\实例 1.avi

➡ 制作分析

本例难易度：★★★☆☆

**关键提示：**

　　本例首先输入并打散文字，然后使用墨水瓶工具填充文字，最后选择文字并更改颜色。

**知识要点：**
- 打散文字
- 墨水瓶工具

➡ 具体步骤

　　STEP 01：**设置文档**。新建一个 Flash 文档，执行"修改→文档"命令，打开"文档设置"对话框，在对话框中将"舞台大小"设置为 520 像素（宽）×400 像素（高），如左下图所示。设置完成后单击"确定"按钮。

　　STEP 02：**设置文本**。选择文本工具 T，在"属性"面板中设置字体为"方正琥珀繁体"，字号为 118，文本颜色为紫色，如右下图所示。

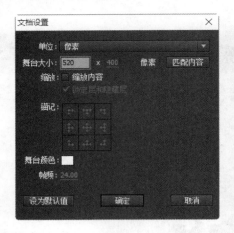 

**STEP 03**：**输入文本**。在舞台上输入文本"等",如左下图所示。

**STEP 04**：**打散文字**。使用选择工具 选中文字,然后按下"Ctrl+B"组合键打散文字,如右下图所示。

**STEP 05**：**设置属性**。保持文字的选中状态,单击工具箱中的"墨水瓶工具"按钮 ,在"属性"面板中设置颜色为橙黄色,笔触为10,样式为"点刻线",如左下图所示。

**STEP 06**：**为文字描边**。在文本图形的边缘按下鼠标左键,为文字描边,如右下图所示。

**STEP 07**：**选择文字**。使用选择工具 框选文字的下半部分,如左下图所示。

**STEP 08**：**设置颜色**。在"属性"面板中将填充颜色设置为红色,如右下图所示。

# 第 4 章　Flash 中的文本处理

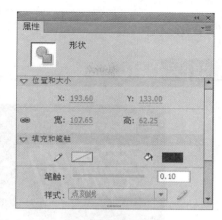

STEP 09：**组合文字**。选择整个文字，按下"Ctrl+G"组合键组合文字，如左下图所示。

STEP 10：**导入图像**。执行"文件→导入→导入到舞台"命令，导入一幅图像到舞台上，如右下图所示。

STEP 11：**排列图形**。右击导入的图像，在弹出的快捷菜单中选择"排列→下移一层"命令，如左下图所示。

STEP 12：**欣赏最终效果**。保存文件，按下"Ctrl+Enter"组合键，欣赏本例的完成效果，如右下图所示。

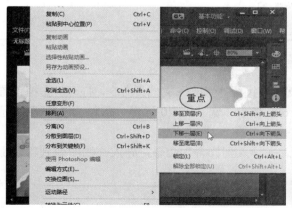

**实例 2：制作变形文字**

▶ 案例效果

| 素材文件：光盘\素材文件\第 4 章\2.jpg |
| 结果文件：光盘\结果文件\第 4 章\实例 2.fla |
| 教学文件：光盘\教学文件\第 4 章\实例 2.avi |

▶ 制作分析

本例难易度：★★★☆☆

| 关键提示： | 知识要点： |
|---|---|
| 　　多个字组成的文本块，要对其进行两次打散才能完成扭曲、封套、变形文字的某个笔画、填色的操作，如果只执行了一次分离文本的操作，只是将文本块分离为多个以独立的字为单位的文本块。 | ● 为单个文字填色<br>● 扭曲文字 |

▶ 具体步骤

**STEP 01**：设置文档。新建一个 Flash 文档，执行"修改→文档"命令，打开"文档设置"对话框，在对话框中将"舞台大小"设置为 600 像素（宽）×420 像素（高），如左下图所示。设置完成后单击"确定"按钮。

**STEP 02**：导入图像。执行"文件→导入→导入到舞台"命令，导入一幅图像到舞台上，如右下图所示。

第 4 章　Flash 中的文本处理

STEP 03：**插入图层**。在"时间轴"面板上单击插入图层按钮，插入图层 2，如左下图。

STEP 04：**设置文本**。选择文本工具，在"属性"面板中设置字体为"微软雅黑"，字号为 72，文本颜色为白色，如右下图所示。

STEP 05：**输入文本**。在舞台上输入文本"美丽的星空",如左下图所示。

STEP 06：**打散文本**。选择输入的文本,执行"修改→分离"命令或按下"Ctrl+B"组合键,文本块被分离为多个以独立的字为单位的文本块,在编辑区中可以看出原本只有一个较大的矩形,打散后变为五个小的矩形,如右下图所示。

STEP 07：**打散文本**。再次执行"修改→分离"命令或按下"Ctrl+B"组合键,将文本分离为矢量图形,如左下图所示。

STEP 08：**更改文本颜色**。选中"美"字,单击"属性"面板上的填充颜色按钮，在弹出的"颜色"面板中选择"黄色",如右下图所示。

STEP 09：**更改文本颜色**。按照同样的方法将剩余的文字颜色设置为绿色、灰色、红色与橙黄色，如左下图所示。

STEP 10：**扭曲文本**。选择所有文本，单击任意变形工具，单击选项栏中的扭曲按钮，拖动手柄变形文本图形，如右下图所示。

STEP 11：**欣赏最终效果**。保存文件，按下"Ctrl+Enter"组合键，欣赏本例的完成效果，如下图所示。

## 本章小结

通过本章的学习，可以掌握文本的一些常用处理方法和编辑技巧。不仅掌握设置文本的类型、文本字体、大小、颜色等基本属性，以及文本的选择、复制、粘贴、倾斜、变形等基本操作，还掌握了可选文本以及文本特效等制作方法与技巧。

# 第 5 章
# 帧、图层与场景的编辑

### 本章导读

本章主要介绍了 Flash 动画的基础知识，包括帧、图层与场景的操作。通过对这些知识的学习，了解帧的类型，掌握帧的各种操作方法与图层、场景的编辑。帧的操作是制作动画的基本操作，在以后绝大多数复杂动画的制作中，帧的使用是至关重要的。

### 知识要点

- ◆ 帧的作用
- ◆ 帧的类型
- ◆ 帧的基本操作
- ◆ 图层的作用
- ◆ 图层的分类
- ◆ 图层基本操作
- ◆ 场景的创建

### 案例展示

## 5.1 知识讲解——帧

帧是组成动画最基本的元素，帧就是动画的一个画面，一个动画是由若干帧组成的。

### 5.1.1 帧的作用

Flash 动画是通过帧与帧之间的不同状态或位置的变化来实现不同的动画效果。制作和编辑动画实际上就是对连续的帧进行操作的过程，对帧的操作实际上就是对动画的操作，因此，在制作动画之前应首先学习并掌握 Flash 中帧的类型以及对帧的基本操作。

### 5.1.2 帧的类型

在 Flash 中，帧主要有两种，即普通帧和关键帧，其中关键帧又分为空白关键帧和有内容的关键帧，在时间轴中不同帧如下图所示。

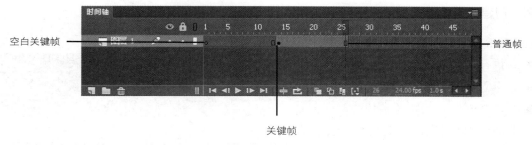

1. **普通帧**

普通帧一般处于关键帧后方，其作用是延长关键帧中动画的播放时间，一个关键帧后的普通帧越多，该关键帧的播放时间越长。

2. **关键帧**

关键帧是指在动画播放过程中，呈现关键性动作或关键性内容变化的帧。关键帧定义了动画的变化环节。在 Flash 中关键帧有两种，一种是包含内容的关键帧，这种关键帧在时间轴中以一个实心的小黑点来表示。

3. **空白关键帧**

这是 Flash 中的另一种关键帧，为空白关键帧，这种关键帧在时间轴中以一个空心圆表示，该关键帧中没有任何内容，其前面最近一个关键帧中的图像只延续到该空白关键帧前面的一个普通帧。在 Flash 中动画类型有很多种，创建的动画类型不同，时间轴中的关键帧表示方式也不同。

### 5.1.3 帧的基本操作

Flash 中对帧的操作主要包括以下几种。

1. 选择帧

在 Flash 中选择帧的方法主要有以下几种：

- 若要选中单个帧，只需单击帧所在位置即可。
- 若要选择连续的多个帧，只需按"Shift"键，然后分别选中连续帧中的第 1 帧和最后一帧即可，如左下图所示。
- 若要选择不连续的多个帧，只需按"Ctrl"键，然后依次单击要选择的帧即可，如右下图所示。

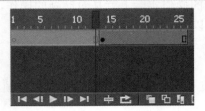 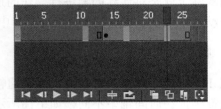

2. 创建关键帧

在 Flash 中创建关键帧的常用方法主要有以下几种：

- 执行"插入→时间轴→关键帧"命令，即可在选中的时间轴位置插入关键帧。
- 在需要创建关键帧的帧上右击，在弹出的快捷菜单上选择"插入关键帧"命令。
- 按"F6"键创建关键帧。

在 Flash 中创建空白关键帧的方法有以下几种：

- 按"F7"键创建空白关键帧。
- 若前一个关键帧中没有内容，直接插入关键帧即可得到空白关键帧。
- 在选中的帧上右击，在弹出的快捷菜单上选择"插入空白关键帧"命令。
- 在某一帧上右击，在弹出的快捷菜单中选择"插入空白关键帧"命令即可。
- 若前一个关键帧中有内容，在时间轴上选中一个帧，然后执行"插入→时间轴→空白关键帧"命令。

3. 复制帧

使用复制帧的方法可以在保证帧内容完全相同的情况下提高工作效率。在 Flash 中复制帧的方法有以下两种：

- 选中要复制的帧，然后按"Alt"键将其拖动到要复制的位置。

 对普通帧和关键帧都可以采用这种方法进行复制，不过不论是复制的普通帧还是关键帧，复制后的目标帧都为关键帧。

- 在时间轴中右击要复制的帧，在弹出的快捷菜单中选择"拷贝帧"命令，然后右击目标帧,在弹出的快捷菜单中选择"粘贴帧"命令。

4. 移动帧

在 Flash 中移动帧的方法有以下两种:
- 选中要移动的帧,然后按住鼠标左键将其拖到要移动到的位置即可。
- 选择要移动的帧,然后右击,在弹出的快捷菜单中选择"剪切帧"命令,然后在目标位置再次右击,在弹出的快捷菜单中选择"粘贴帧"命令。

5. 插入帧

插入帧可实现延长动画播放时间或在动画中添加新动画片段等操作。其操作方法有以下几种:
- 在关键帧后面任意选取一个帧右击,在弹出的快捷菜单中选择"插入帧"命令或按"F5"键,当关键帧与插入的帧之间变为灰色背景如左下图所示,即可在当前位置插入普通帧,在关键帧后插入帧或在已沿用的帧中插入帧都可增加动画的播放时间。
- 在要插入帧的位置右击,在弹出的快捷菜单中选择"插入关键帧"命令或按"F6"键,可在当前位置插入关键帧,如右下图所示。插入关键帧之后即可对插入的关键帧中的内容进行修改和调整,并且不会影响前一个关键帧及其沿用帧中的内容。

 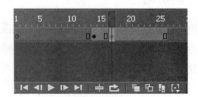

- 在要插入帧的位置右击,在弹出的快捷菜单中选择"插入空白关键帧"命令或按"F7"键,可在当前位置插入空白关键帧,并将空白关键帧后的内容清除,如下图所示。

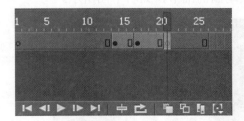

- 直接在两个关键帧间用鼠标拖动关键帧也可在关键帧之间插入帧。

6. 翻转帧

翻转帧的功能可以使所选定的一组帧按照顺序翻转过来,使最后 1 帧变为第 1 帧,第 1 帧变为最后 1 帧,反向播放动画。其方法是在时间轴上选择需要翻转的一段帧,然后右击,在弹出的快捷菜单中选择"翻转帧"命令,即可完成翻转帧的操作,如左下图所示。

7. 删除帧

在时间轴上选择需要删除的一个或多个帧，然后右击，在弹出的快捷菜单中选择"删除帧"命令，即可删除被选择的帧。若删除的是连续帧中间的某一个或几个帧，后面的帧会自动提前填补空位。Flash 的时间轴上，两个帧之间是不能有空缺的。如果要使两帧间不出现任何内容，可以使用空白关键帧，如右下图所示。

8. 剪切帧

在时间轴上选择需要剪切的一个或多个帧，然后右击，在弹出的快捷菜单中选择"剪切帧"命令，如左下图所示，即可剪切掉所选择的帧。被剪切后的帧保存在 Flash 的剪切板中，可以在需要时将其重新使用。

### 5.1.4 洋葱皮工具的使用

在时间轴的下方有一工具条，统称洋葱皮工具，使用洋葱皮工具按钮可以改变帧的显示方式，方便动画设计者观察动画的细节，如右下图所示。

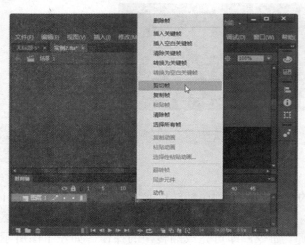

下面分别介绍工具条上各图形工具按钮的含义和用法。

- 帧居中 ➕：使选中的帧居中显示。
- 循环 ↔：按下此按钮，可使帧循环。
- 绘图纸外观 ▦：按下此按钮，就会显示当前帧的前后几帧，此时只有当前帧是正常显示的，其他帧显示为比较淡的彩色，如左下图所示。按下这个按钮，可以调整当前帧的图像，而其他帧是不可修改的，要修改其他帧，要将需要修改的帧选中。这种模式也称为"洋葱皮模式"。
- 绘图纸外观轮廓 ▢：按下该按钮同样会以洋葱皮的方式显示前后几帧，不同的是，当前帧正常显示，非当前帧是以轮廓线形式显示的，如右下图所示。在图案比较复杂的时候，仅显示外轮廓线有助于正确地定位。

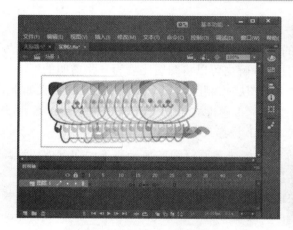 

- 编辑多个帧 ▦：对各帧的编辑对象都进行修改时需要用这个按钮，按下洋葱皮模式或洋葱皮轮廓模式显示按钮的时候，再按下这个按钮，就可以对整个序列中的对象进行修改了。
- 修改绘图纸标记 ▢：这个按钮决定了进行洋葱皮显示的方式。

修改绘图纸标记按钮包括一个下拉工具条，其中有5个选项。
①总是显示标记：开启或隐藏洋葱皮模式。
②锚定绘图纸：固定洋葱皮的显示范围，使其不随动画的播放而改变以洋葱皮模式显示的范围。
③绘图纸2：在以当前帧为中心的前后2帧范围内以洋葱皮模式显示。
④绘图纸5：在以当前帧为中心的前后5帧范围内以洋葱皮模式显示。
⑤绘图全部：将所有的帧以洋葱皮模式显示。

洋葱皮模式对于制作动画有很大帮助，它可以使帧与帧之间的位置关系一目了然。选择以上任何一个选项后，在时间轴上方的时间标尺上都会出现两个标记，在这两个标记中间的帧都会显示出来，也可以拖动这两个标记来扩大或缩小洋葱皮模式所显示的范围，如下图所示。

## 5.2 知识讲解——图层

Flash 动画通常有多个图层，图层一般显示为 ，在学习制作动画前，先来学习以下一些图层的相关知识。

### 5.2.1 图层的作用

Flash 每一个层之间相互独立，都有自己的时间轴，包含自己独立的多个帧。当修改某一图层时，不会影响到其他图层上的对象。为了便于理解也可以将图层比喻为一张透明的纸，而动画里的多个图层就像一叠透明的纸。时间轴上的图层控制区如左下图，各部分的含义如下。

- ：该按钮用于隐藏或显示所有图层，单击它即可在两者之间进行切换，单击其下的 图标可隐藏当前图层，隐藏的图层上将标记一个 符号。
- ：该按钮用于锁定所有图层，再次单击该按钮可解锁，单击其下的 图标可锁定当前图层，锁定的图层上将标记一个 符号。
- ：单击该按钮可用图层的线框模式隐藏所有图层，单击其下的 图标可以线框模式隐藏当前图层，图层上标记变为 ，其效果如右下图所示。

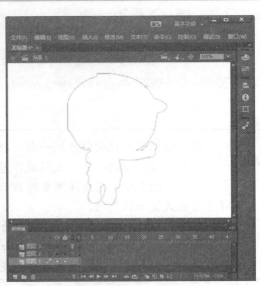

- 图层2：表示当前图层的名称，图层名称可以更改。
- ：表示当前图层的性质，当该图标为 时表示当前层是普通层，当该图标为 时表示当前层是引导层，当该图标为 时表示该层被遮蔽了。

82

- ▫: 用于新建普通层。
- ▫: 用于新建图层文件夹。
- ▫: 用于删除选中的图层。

> **专家提示**　图层的各层之间都是彼此独立的，它们把一系列复杂的动画进行划分，将它们分别放在不同的图层上，然后依次对每个层上的对象进行编辑，不但可以简化烦琐的工作，也方便以后的修改，从而有效地提高了工作效率。

## 5.2.2 图层的分类

Flash 中的图层与图形处理软件 Photoshop 中的图层功能相同，均为了方便对图形及图形动画进行处理。在 Flash CC 中，图层的类型主要有普通层、引导层和遮罩层三种。

### 1. 普通层

系统默认的层即是普通层，新建 Flash 文档后，默认一个名为"图层 1"的图层存在。该图层中自带一个空白关键帧位于图层 1 的第 1 帧，并且该图层初始为激活状态，如左下图。

### 2. 引导层

引导图层的图标为 ，它下面的图层中的对象则被引导。选中要作为引导层的图层右击，在弹出的快捷菜单中选择"添加传统运动引导层"命令，如右下图所示。引导层中的所有内容只是用于在制作动画时作为参考线，并不出现在作品的最终效果中。

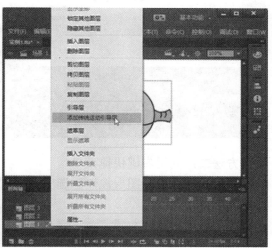

### 3. 遮罩层

遮罩层的图标为 ▫，被遮罩图层的图标为 ▫，如下图所示的图层 1 是遮罩层，图层 2 是被遮罩层。在遮罩层中创建的对象具有透明效果，如果遮罩层中的某一位置有对象，那么被遮罩层中相同位置的内容将显露出来，被遮罩层的其他部分则被遮住。

### 5.2.3 图层基本操作

通过前面的介绍，我们已经对图层有一个大概的了解，下面将给大家介绍新建、重命名、选取、复制、删除、隐藏以及设置图层属性等基本操作的具体方法。

#### 1. 新建图层

新创建一个 Flash 文件时，Flash 会自动创建一个图层，并命名为"图层 1"。如果需要添加新的图层，可以采用以下 3 种方法。

**方法一**：利用命令

在时间轴面板的图层控制区选中一个已经存在的图层，执行"插入→时间轴→图层"命令，如左下图所示，即可创建一个图层，如右下图所示。

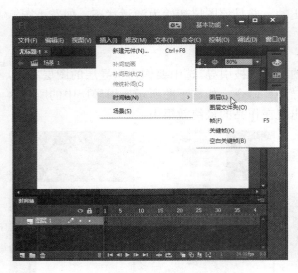

**方法二**：利用右键快捷菜单

在时间轴面板的图层控制区选中一个已经存在的图层，右击弹出快捷菜单，选择"插入图层"命令。

**方法三**：用按钮新建

单击"时间轴"面板上图层控制区左下方的"新建图层"按钮，也可以创建一个新图层。

当新建一个图层后，Flash 会自动为该图层命名，并且所创建的新层都位于被选中图层的上方，如下图所示。

# 第 5 章  帧、图层与场景的编辑

## 2. 重命名图层

在 Flash CC 中插入的所有图层，如图层 1、图层 2 等都是系统默认的图层名称，这个名称通常为"图层＋数字"。每创建一个新图层，图层名的数字就依次递加。当时间轴中的图层越来越多以后，要查找某个图层就变得繁琐起来，为了便于识别各层中的内容，就需要改变图层的名称，即重命名。重命名的唯一原则就是能让人通过名称识别出查找的图层。这里需要注意的一点是帧动作脚本一般放在专门的图层，以免引起误操作，而为了让大家看懂脚本，将放置动作脚本的图层命名为"AS"，即 Action Script 的缩写。

使用下列方法之一可以重命名图层：

- 在要重命名图层的图层名称上双击，图层名称进入编辑状态，在文本框中输入新名称即可，如左下图所示。
- 在图层中双击图层图标或在图层上右击，在弹出的快捷菜单中选择"属性"命令，打开"图层属性"对话框，如右下图所示。在"名称"文本框中输入新的名称，单击"确定"按钮即可。

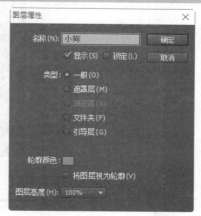

### 3. 调整图层的顺序

在编辑动画时常遇到所建立的图层顺序不能达到动画的预期效果，此时需要对图层的顺序进行调整，其操作步骤如下。

STEP 01：**按住左键**。选中需要移动的图层。按住鼠标左键不放，此时图层以一条粗横线表示，如左下图所示。

STEP 02：**拖动图层**。拖动图层到需要放置的位置释放鼠标左键即可，如右下图所示。

### 4. 图层属性设置

图层的显示、锁定、线框模式颜色等设置都可在"图层属性"对话框中进行编辑。选中图层右击，在弹出的快捷菜单中选择"属性"命令，打开"图层属性"对话框，如下图所示。该对话框各选项的功能如下：

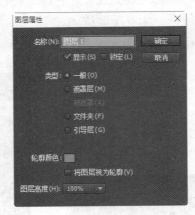

> 双击图层图标也可以打开"图层属性"对话框。

- 名称：设置图层的名称。
- 显示：用于设置图层的显示与隐藏。选取"显示"复选框，图层处于显示状态；反之，图层处于隐藏状态。
- 锁定：用于设置图层的锁定与解锁。选取"锁定"复选框，图层处于锁定状态；反之，图层处于解锁状态。
- 类型：指定图层的类型，其中包括5个选项。
  一般：选取该项则指定当前图层为普通图层。
  遮罩层：将当前层设置为遮罩层。用户可以将多个正常图层链接到一个遮罩层上。遮罩层前出现 图标。
  被遮罩：该图层仍是正常图层，只是与遮蔽图层存在链接关系并有 图标。
  文件夹：将正常层转换为图层文件夹用于管理其下的图层。
  引导层：将该图层设定为辅助绘图用的引导层，用户可以将多个标准图层链接到一个引导线图层上。
- 轮廓颜色：设定该图层对象的边框线颜色。为不同的图层设定不同的边框线颜色，有助于用户区分不同的图层。在时间轴中的轮廓颜色显示区如左下图所示。
- 将图层视为轮廓：勾选该复选框即可使该图层内的对象以线框模式显示，其线框颜色为在"属性"面板中设置的轮廓颜色。若要取消图层的线框模式可直接单击时间轴上的 按钮，如果只需要让某个图层以轮廓方式显示，可单击图层上相对应的色块。
- 图层高度：从下拉列表中选取不同的值可以调整图层的高度，这在处理插入了声音的图层时很实用，有100%、200%、300%三种高度。将图层2的高度设置为300%后，如右下图所示。

### 5. 选取图层

选取图层包括选取单个图层、选取相邻图层和选取不相邻图层三种。

（1）选取单个图层

选取单个图层的方法有以下三种：

- 在图层控制区中单击需要编辑的图层即可。
- 单击时间轴中需编辑图层的任意一个帧格即可。
- 在绘图工作区中选取要编辑的对象也可选中图层。

（2）选取相邻图层

若要选取相邻图层，可以单击要选取的第一个图层；然后按住"Shift"键，单击要选取的最后一个图层即可选取两个图层间的所有图层，如左下图所示。

（3）选取不相邻图层

若要选取不相邻图层，可以单击要选取的图层，按住"Ctrl"键，再单击需要选取的其他图层即可选取不相邻图层,如右下图所示。

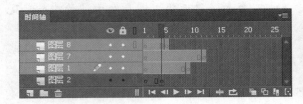 

6. 删除图层

图层的删除方法包括拖动法删除图层、利用按钮删除和利用快捷菜单删除 3 种。

**方法一:拖动法删除图层。**

选取要删除的图层。按住鼠标左键不放,将选取的图层拖动到🗑图标上释放鼠标即可。被删除图层的下一个图层将变为当前层。

**方法二:利用🗑按钮删除。**

选取要删除的图层。单击🗑按钮,即可把选取的图层删除。

**方法三:利用右键菜单删除图层。**

选取要删除的图层右击,在弹出的快捷菜单中选择"删除图层"命令即可删除图层。

7. 复制图层

要将某一图层的所有帧粘贴到另一图层中的操作步骤如下。

STEP 01:**执行命令**。单击要复制的图层,执行"编辑→时间轴→复制帧"命令,或在需要复制的帧上右击,在弹出的快捷菜单中选择"复制帧"命令,如左下图所示。

STEP 02:**粘贴帧**。单击要粘贴帧的新图层,执行"编辑→时间轴→粘贴帧"命令,或者在需要粘贴的帧上右击,在弹出的快捷菜单中选择"粘贴帧"命令,如右下图所示。

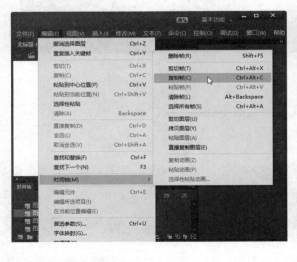 

8. 图层文件夹

在 Flash CC 中,可以插入图层文件夹,所有的图层都可以被收拢到图层文件夹中,方便用户管理。

（1）插入图层文件夹

插入图层文件夹的操作步骤如下。

STEP 01：**单击新建文件夹按钮**。单击图层区左下角的"新建文件夹"按钮，即可在当前图层上建立一个图层文件夹，如左下图所示。

STEP 02：**拖动图层**。选中将要放入图层文件夹的所有图层，将其拖动到文件夹中，即可将图层放置于图层文件夹，如右下图所示。

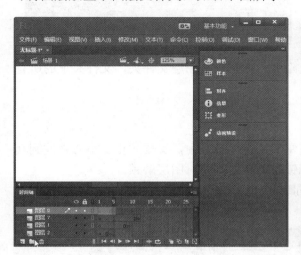 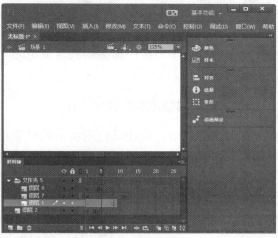

当文件夹的数量增多后，可以为文件夹再添加一个上级文件夹，就像 Windows 系统中的目录和子目录的关系，文件夹的层数没有限制，如左下图所示。

（2）将图层文件夹中的图层取出

将图层文件夹中的图层取出的具体操作步骤如下。

STEP 01：**选择图层**。在图层区中选择要取出的图层。

STEP 02：**拖动图层**。按下鼠标左键不放，拖动到图层文件夹上方后，释放鼠标，图层从图层文件夹中取出，如右下图所示。

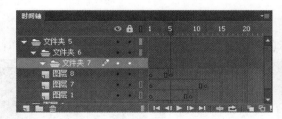 

### 9. 隐藏图层

在编辑对象时为了防止影响其他图层，可通过隐藏图层来进行控制。处于隐藏状态的图层不能进行编辑。图层的隐藏方法有以下两种。

- 单击图层区 👁 按钮下方要隐藏图层上的 ● 图标，当 ● 图标变为 ✕ 图标时该图层就处于隐藏状态。并且当选取该图层时，图层上出现 ✕ 图标表示不可编辑，如左下图所示。如要恢复显示图层，则再次单击 ✕ 图标即可。

- 单击图层区的 ◉ 按钮，则图层区的所有图层都被隐藏，如右下图所示。如要恢复显示所有图层，可以再次单击 ◉ 按钮。

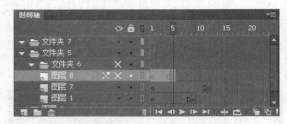 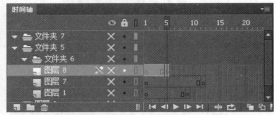

隐藏图层后编辑区中该图层的对象也随之隐藏。如果隐藏图层文件夹，文件夹里的所有图层都自动隐藏。

10. **图层的锁定和解锁**

在编辑对象时，要使其他图层中的对象正常显示在编辑区中，又要防止不小心修改到其中的对象，此时可以将该图层锁定。若要编辑锁定的图层则要对图层解锁。

单击锁定图标 🔒 正下方要锁定的图层上的 ■ 图标，当 ■ 图标变为 🔒 图标时，表示该图层已被锁定。再次单击 🔒 图标即可解锁。

## 5.3 知识讲解——场景

场景就是一段相对独立的动画。整个 Flash 动画可以由一个场景组成，也可以由几个场景组成。当动画中有多个场景时，整个动画会按照场景的顺序播放。当然，也可以用脚本程序对场景的播放顺序进行控制。

### 5.3.1 创建场景

创建场景的方法是：执行"插入→场景"命令即可。

### 5.3.2 场景面板

执行"窗口→场景"命令打开如下图所示的"场景"面板。在其中可以进行如下操作：

- 添加场景 ⊕：单击该按钮即可在所选场景的下方添加一个场景。
- 重制场景 ⊡：选择一个场景后单击该按钮即可复制一个与所选场景内容完全相同的场景，复制的场景变为当前场景。
- 删除场景 🗑：单击该按钮即可删除所选的场景。
- 播放动画时，Flash 将按照场景的排列顺序来播放，最上面的场景最先播放。如果要调整场景的播放顺序，只需选中场景后上下拖动即可。
- 双击场景名称即可为场景重新取名。

## 5.4 同步训练——实战应用

### 实例 1：老爷爷说话

**案例效果**

素材文件：光盘\素材文件\第 5 章\1.jpg、2.png
结果文件：光盘\结果文件\第 5 章\实例 1.fla
教学文件：光盘\教学文件\第 5 章\实例 1.avi

**制作分析**

本例难易度：★★☆☆☆

| 关键提示： | 知识要点： |
|---|---|
| 　　本例背景必须使用卡通风格，如果使用现实中的风景图片作为背景，就会与整个动画格格不入。并且老爷爷的嘴巴开始是张开的，再慢慢闭上了嘴巴，然后又张开，周而复始，这样就形成了嘴巴不断闭上与张开的动态动画。这是通过插入空白关键帧与关键帧来制作的，使张嘴与闭嘴的动作自然有序地执行。 | ● 关键帧的操作<br>● 空白关键帧的操作 |

**具体步骤**

**STEP 01** 设置文档。新建一个 Flash 文档，执行"修改→文档"命令，打开"文档设置"对话框，在对话框中将"舞台大小"设置为 650 像素（宽）×450 像素（高），如左下图所示。设置完成后单击"确定"按钮。

**STEP 02** 导入图像。执行"文件→导入→导入到舞台"命令，将一幅背景图片导入到舞台上，如右下图所示。

STEP 03：**导入图像**。单击执行"文件→导入→导入到舞台"命令，将一幅老爷爷图片导入到舞台上，如左下图所示。

STEP 04：**新建图层**。在"时间轴"面板上单击 按钮，新建图层2，如右下图所示。

STEP 05：**绘制嘴巴**。使用铅笔工具 在图层2的第1帧处绘制老爷爷的嘴巴，如左下图所示。

STEP 06：**插入帧**。分别在图层1、图层2的第15帧处按下"F5"键，插入帧，如右下图。

STEP 07：新建图层。在"时间轴"面板上单击 按钮，新建图层3，如左下图所示。
STEP 08：插入空白关键帧。在图层2的第8帧处按下"F7"键，插入空白关键帧，如右下图所示。

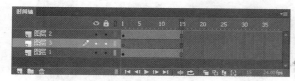 

STEP 09：插入关键帧。在图层3的第8帧处按下"F6"键，插入关键帧，如左下图。
STEP 10：绘制嘴巴。使用铅笔工具 在图层3的第8帧处绘制老爷爷的嘴巴，如右下图所示。

STEP 11：新建图层。在"时间轴"面板上单击 按钮，新建图层4，如左下图所示。
STEP 12：插入空白关键帧。在图层3的第12帧处按下"F7"键，插入空白关键帧，如右下图所示。

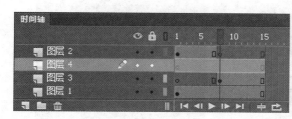 

STEP 13：插入关键帧。在图层4的第12帧处按下"F6"键，插入关键帧，如左下图。
STEP 14：绘制嘴巴。使用铅笔工具 在图层4的第12帧处绘制老爷爷的嘴巴，如右下图所示。

STEP 15：欣赏最终效果。保存文件，按下"Ctrl+Enter"组合键，欣赏本例的完成效果，如下图所示。

## 实例2：摇尾巴的小驴子

→ 案 例 效 果

| 素材文件：光盘\素材文件\第5章\3.png、4.png、5.jpg |
|---|
| 结果文件：光盘\结果文件\第5章\实例2.fla |
| 教学文件：光盘\教学文件\第5章\实例2.avi |

94

# 第 5 章 帧、图层与场景的编辑

## ➡ 制作分析

本例难易度：★★★☆☆

| 关键提示： | 知识要点： |
|---|---|
| 本例制作一个摇尾巴的小驴子的动画场景，这就需要将小驴身体与尾巴分开来制作，不然小驴身上各部分粘连在一起互相打扰，动作就不协调自然了。 | ● 更改图层名称<br>● 更改图层顺序 |

## ➡ 具体步骤

**STEP 01**：**设置文档**。新建一个 Flash 文档，执行"修改→文档"命令，打开"文档设置"对话框，在对话框中将"舞台大小"设置为 630 像素（宽）×420 像素（高），如左下图所示。设置完成后单击"确定"按钮。

**STEP 02**：**更改图层名称**。将图层 1 的名称更改为"驴尾"，如右下图所示。

**STEP 03**：**新建图层**。新建一个图层 2，重命名为"驴身"，如左下图所示。

**STEP 04**：**导入图像**。选择驴尾层的第 1 帧，执行"文件→导入→导入到舞台"命令，将一幅驴尾巴图片导入到舞台上，如右下图所示。

STEP 05：导入图像。选择驴身层的第 1 帧，执行"文件→导入→导入到舞台"命令，将一幅驴身体图片导入到舞台上，如左下图所示。

STEP 06：插入帧。分别在驴尾层与驴身层的第 16 帧处插入帧，如右下图所示。

STEP 07：旋转图像。在驴尾层的第 8 帧处插入关键帧，使用任意变形工具将驴尾旋转到如左下图所示的位置。

STEP 08：旋转图像。在驴尾层的第 12 帧处插入关键帧，使用任意变形工具将驴尾旋转到如右下图所示的位置。

STEP 09：拖动图层。新建一个图层 3，将其移动到驴尾层的下方，如左下图所示。

STEP 10：导入图像。执行"文件→导入→导入到舞台"命令，将一幅背景图片导入到舞台上，如右下图所示。

# 第 5 章 帧、图层与场景的编辑

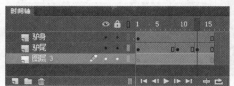

**STEP 11**：**拖动图层**。新建一个图层 4，将其移动到驴尾层的下方，如左下图所示。

**STEP 12**：**绘制椭圆**。使用椭圆工具 在舞台上绘制一个无边框，填充色为灰色的椭圆，如右下图所示。

 绘制的椭圆是作为驴子的阴影，这样动画显得自然一些。

**STEP 13**：**欣赏最终效果**。保存文件，按下"Ctrl+Enter"组合键，欣赏本例的完成效果，如下图所示。

## 本章小结

　　本章讲述了帧、图层与场景的知识，在不同的图层上放置不同的动画元素将会制作出许多不同的动画效果。在运用图层制作动画时，一定要注意，当所建立的图层顺序不能达到动画的预期效果时，需要对图层的顺序进行调整，也就是在图层区中拖动图层来改变图层的顺序。

# 第 6 章
# Flash 中的基础动画

**本章导读**

一个完整、精彩的 Flash 动画作品是由一种或几种动画类型结合而成的。在 Flash CC 中，用户可以创建逐帧动画、动作补间动画、形状补间动画、遮罩层动画和引导层动画，本章将详细讲解这几种动画的创建方法。

**知识要点**

- ◆ 逐帧动画
- ◆ 水平动作补间
- ◆ 旋转动作补间
- ◆ 形状补间动画
- ◆ 引导层动画
- ◆ 遮罩动画

**案例展示**

## 6.1 知识讲解——逐帧动画

逐帧动画是指依次在每一个关键帧上安排图形或元件而形成的动画类型。

### 6.1.1 逐帧动画概述

逐帧动画技术利用人的视觉暂留原理，快速地播放连续的、具有细微差别的图像，使原来静止的图形运动起来。人眼所看到的图像大约可以暂存在视网膜上 1/16 秒，如果在暂存的影像消失之前观看另一张有细微差异的图像，并且后面的图片也在相同的极短时间间隔后出现，所看到的将是连续的动画效果。电影的拍摄和播放速度为每秒 24 帧画面，比视觉暂存的 1/16 秒短，因此看到的是活动的画面，实际上只是一系列静止的图像。

要创建逐帧动画，需要将每个帧都定义为关键帧，然后给每个帧创建不同的图像。每个新关键帧最初包含的内容和它前面的关键帧是一样的，因此可以递增地修改动画中的帧。制作逐帧动画的基本思想是把一系列相差甚微的图形或文字放置在一系列的关键帧中，动画的播放看起来就像一系列连续变化的动画。其最大的不足就是制作过程较为复杂，尤其在制作大型的 Flash 动画的时候，它的制作效率是非常低的，在每一帧中都将旋转图形或文字，所以占用的空间会比制作渐变动画所耗费的空间大。但是，逐帧动画的每一帧都是独立的，它可以创建出许多依靠 Flash CC 的渐变功能无法实现的动画，所以在许多优秀的动画设计中也用到了逐帧动画。

综上所述，在制作动画的时候，除非在渐变动画不能完成动画效果的时候才使用逐帧动画来完成制作。在逐帧动画中，Flash 会保存每个完整帧的值，这是最基本，也是取得效果最直接的动画形式。

### 6.1.2 创建逐帧动画

下面创建一个逐帧动画，具体操作步骤如下。

| 素材文件：光盘\素材文件\第 6 章\6-1-2 |
| 结果文件：光盘\结果文件\第 6 章\6-1-2.fla |
| 教学文件：光盘\教学文件\第 6 章\6-1-2.avi |

**STEP 01** 设置文档。新建一个 Flash 文档，执行"修改→文档"命令，打开"文档设置"对话框，在对话框中将"舞台大小"设置为 600 像素（宽）×450 像素（高），"帧频"设置为 10，如左下图所示。设置完成后单击"确定"按钮。

**STEP 02** 导入图像。执行"文件→导入→导入到舞台"命令，将一幅图片导入到舞台上，如右下图所示。

## 第 6 章 Flash 中的基础动画

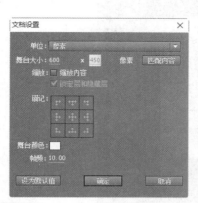

STEP 03：**新建图层**。单击"时间轴"面板上的"新建图层"按钮，插入图层 2，如左下图。

STEP 04：**插入帧**。分别选中图层 2 的第 1~3 帧，插入空白关键帧。最后在图层 1 的第 3 帧处插入帧，如右下图所示。

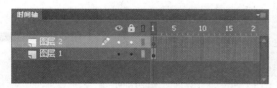

STEP 05：**导入图像**。选中图层 2 的第 1 帧，执行"文件→导入→导入到舞台"命令，将一幅图像导入到舞台中，如左下图所示。

STEP 06：**导入图像**。选中图层 2 的第 2 帧，执行"文件→导入→导入到舞台"命令，将一幅图像导入到舞台中，如右下图所示。

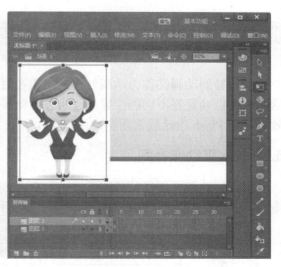

STEP 07：**导入图像**。选中图层 2 的第 3 帧，执行"文件→导入→导入到舞台"命令，将一幅图像导入到舞台中，如下图所示。

**STEP 08** **欣赏最终效果**。保存文件，按下"Ctrl+Enter"组合键，欣赏本例的完成效果，如下图所示。

## 6.2 知识讲解——动作补间动画

　　动作补间动画又称为动画补间，是指在时间轴的一个图层中，创建两个关键帧，分别为这两个关键帧设置不同的位置、大小、方向等参数，再在两个关键帧之间创建动作补间动画效果，是 Flash 中比较常用的动画类型。

### 6.2.1 水平动作补间

　　用鼠标选取要创建动画的关键帧后右击，在弹出的快捷菜单中选择"创建传统补间"命令，或者执行"插入→传统补间"命令，如左下图所示，即可快速地完成水平补间动画的创建。下面创建一个水平动作补间动画，具体操作步骤如下。

| | |
|---|---|
| 素材文件： | 光盘\素材文件\第 6 章\6-2-1 |
| 结果文件： | 光盘\结果文件\第 6 章\6-2-1.fla |
| 教学文件： | 光盘\教学文件\第 6 章\6-2-1.avi |

# 第 6 章　Flash 中的基础动画

STEP 01：**设置文档**。新建一个 Flash 文档，执行"修改→文档"命令，打开"文档设置"对话框，在对话框中将"舞台大小"设置为 750 像素（宽）×320 像素（高），如右下图所示。设置完成后单击"确定"按钮。

STEP 02：**导入图像**。执行"文件→导入→导入到舞台"命令，将一幅背景图片导入到舞台上，如左下图所示。

STEP 03：**导入图像**。新建一个图层 2，执行"文件→导入→导入到舞台"命令，将一幅纸飞机图片导入到舞台上，并将其移动到背景图片的右侧，如右下图所示。

STEP 04：**插入帧与关键帧**。在图层 1 的第 80 帧处插入帧，在图层 2 的第 80 帧处插入关键帧，如左下图所示。

STEP 05：**移动图片**。选择图层 2 的第 80 帧处的纸飞机图片，将其移动到背景图片的左侧，如右下图所示。

**STEP 06**：**缩小图片**。保持第 80 帧处纸飞机图片的选中状态，使用"任意变形工具"将其缩小到原始大小的 70%，如左下图所示。

**STEP 07**：**创建动画**。选择图层 2 的第 1 帧～第 80 帧之间的任意一帧，执行"插入→传统补间"命令，如右下图所示。即可为第 1 帧到第 80 帧创建补间动画。

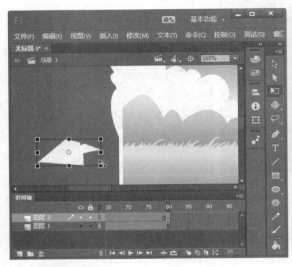 

**STEP 08**：**输入数字**。选择图层 2 的第 1 帧，打开"属性"面板，在"缓动"文本框中输入"-100"，如左下图所示。

**STEP 09**：**拖动播放头**。按下"Enter"键或拖动播放头，即可看见舞台中的纸飞机由慢到快，由右向左运动的动画了，如右下图所示。

"缓动"用来设置动画的快慢速度。其值为-100～100，可以在文本框中直接输入数字。设置为 100 动画先快后慢，-100 动画先慢后快，其间的数字按照-100 到 100 的变化趋势逐渐变化。

# 第 6 章　Flash 中的基础动画

**STEP 10**：**欣赏最终效果**。保存文件，按下"Ctrl+Enter"组合键，欣赏本例的完成效果，如下图所示。

## 6.2.2　旋转动作补间

动作补间动画不仅可以得到图形的位置变化、大小缩放的效果，还可以得到图形方向变化及旋转的效果。

下面就制作一个动画来学习动作补间动画中旋转的设置，具体操作步骤如下。

| 素材文件：光盘\素材文件\第 6 章\6-2-2 |
| 结果文件：光盘\结果文件\第 6 章\6-2-2.fla |
| 教学文件：光盘\教学文件\第 6 章\6-2-2.avi |

**STEP 01**：**设置文档**。新建一个 Flash 文档，执行"修改→文档"命令，打开"文档设置"对话框，在对话框中将"舞台大小"设置为 650 像素（宽）×450 像素（高），如左下图所示。设置完成后单击"确定"按钮。

**STEP 02**：**导入图像**。执行"文件→导入→导入到舞台"命令，将一幅背景图片导入到舞台上，如右下图所示。

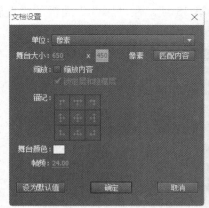

**STEP 03**：**导入图像**。新建图层 2，执行"文件→导入→导入到舞台"命令，将一幅小狐狸图片导入到舞台上，如左下图所示。

105

STEP 04：**插入帧与关键帧**。在图层 1 的第 70 帧处插入帧。在图层 2 的第 35 帧与第 70 帧处插入关键帧，如右下图所示。

STEP 05：**移动图片**。选中图层 2 第 35 帧处的图片，将其向左移动一段距离，如左下图所示。

STEP 06：**创建动作补间动画**。分别在图层 2 第 1 帧与第 35 帧之间，第 35 帧与第 70 帧之间创建动作补间动画，如右下图所示。

STEP 07：**选择"逆时针"选项**。选择图层 2 的第 1 帧，打开"属性"面板，在"旋转"下拉列表中选择"逆时针"选项，如左下图所示。

STEP 08：**选择"顺时针"选项**。选择图层 2 的第 35 帧，在"属性"面板的"旋转"下拉列表中选择"顺时针"选项，如右下图所示。

## 第 6 章　Flash 中的基础动画

**STEP 09**：欣赏最终效果。保存文件，按下"Ctrl+Enter"组合键，欣赏本例的完成效果，如下图所示。

## 6.3　知识讲解——形状补间动画

形状补间动画是指 Flash 中的矢量图形或线条之间互相转化而形成的动画。形状补间动画的对象只能是矢量图形或线条，不能是组或元件。通常用于表现图形之间的互相转化。

### 6.3.1　形状补间动画概述

形状补间是基于所选择的两个关键帧中的矢量图形存在形状、色彩、大小等的差异而创建的动画关系，在两个关键帧之间插入逐渐变形的图形显示。和动作补间动画不同，形状补间动画中两个关键帧中的内容主体必须是处于分离状态的图形，独立的图形元件不能创建形状补间的动画。

### 6.3.2　创建形状补间动画

下面来制作字母 E 在经过 20 个帧的变化后，逐渐变成字母 K 的动画过程，具体操作步骤如下。

| 素材文件：光盘\素材文件\第 6 章\ |
| --- |
| 结果文件：光盘\结果文件\第 6 章\6-3-2.fla |
| 教学文件：光盘\教学文件\第 6 章\6-3-2.avi |

**STEP 01**：设置文本属性。按下"Ctrl+N"组合键，新建一个空白的影片文档，单击文本工具 **T**，在"属性"面板中设置文字的字体为"Impact"，字号为"168"，颜色为紫色，如左下图所示。

**STEP 02**：输入文本。在舞台上输入字母"E"，并按下"Ctrl+B"组合键打散字母，如右下图所示。

107

STEP 03：输入文本。选择第 20 帧，按下"F7"键，插入一个空白关键帧，在舞台上输入字母"K"并打散，如左下图所示。

STEP 04：创建形状补间动画。在时间轴选择第 1 帧，执行"插入→补间形状"命令，即可为选择的关键帧创建形状补间动画，如右下图所示。

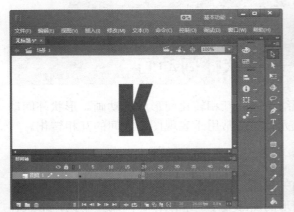 

STEP 05：选择"分布式"选项。在"属性"面板中的"混合"下拉列表中选择"分布式"选项，如下图所示。

STEP 06：欣赏最终效果。保存文件，按下"Ctrl+Enter"组合键，欣赏本例的完成效果，如下图所示。

# 第 6 章 Flash 中的基础动画

如果选择了"角形"选项,关键帧之间的动画形状会保留有明显的角和直线,如下图所示。

## 6.4 知识讲解——引导动画

引导动画是指使用 Flash 里的运动引导层控制元件的运动而形成的动画。

### 6.4.1 引导动画概述

引导层作为一个特殊的图层,在 Flash 动画设计中的应用也十分广泛。在引导层的帮助下,可以实现对象沿着特定的路径运动。要创建引导层动画,需要两个图层,一个引导层一个被引导层。

### 6.4.2 创建引导动画

下面通过引导层来制作一条小鱼欢快地游动的动画效果,具体的操作步骤如下。

素材文件:光盘\素材文件\第 6 章\6-4-2
结果文件:光盘\结果文件\第 6 章\6-4-2.fla
教学文件:光盘\教学文件\第 6 章\6-4-2.avi

STEP 01：**设置文档**。新建一个 Flash 文档，执行"修改→文档"命令，打开"文档设置"对话框，在对话框中将"舞台大小"设置为 700 像素（宽）×380 像素（高），如左下图所示。设置完成后单击"确定"按钮。

STEP 02：**导入图像**。执行"文件→导入→导入到舞台"命令，将一幅背景图片导入到舞台上，如右下图所示。

STEP 03：**导入图像**。新建图层 2，执行"文件→导入→导入到舞台"命令，将一幅小鱼图片导入到舞台上，如左下图所示。

STEP 04：**执行右键菜单命令**。选中图层 2 右击，在弹出的快捷菜单中选择"添加传统运动引导层"命令，如右下图所示。这样就会在图层 2 的上方新建一个引导层。

STEP 05：**绘制曲线**。选中引导层的第 1 帧，使用铅笔工具绘制一条曲线，如左下图所示。这条曲线就是小鱼游动的路径。

STEP 06：**插入帧与关键帧**。将小鱼的中心点对准曲线的起始端，然后在引导层与图层 1 的第 130 帧处插入帧，在图层 2 的第 130 帧处插入关键帧，如右下图所示。

110

STEP 07：**移动小鱼**。选中图层 2 第 130 帧处的小鱼，将其沿着曲线拖动到曲线的尾端处，并且中心点要与曲线的尾端对准，如左下图所示。

STEP 08：**创建动画**。在图层 2 的第 1 帧与第 130 帧之间创建动作补间动画，如右下图。

STEP 09：**欣赏最终效果**。保存文件，按下"Ctrl+Enter"组合键，欣赏本例的完成效果，如下图所示。

导出动画后，舞台中的引导线并不会显示出来，引导线只是在制作动画时起一个辅助的作用。

## 6.5 知识讲解——遮罩动画

遮罩动画是指使用 Flash 中遮罩层的作用而形成的一种动画效果。遮罩动画的原理就在于被遮盖的就能被看到，没被遮盖的反而看不到。遮罩效果在 Flash 动画中的使用频率很高，常会做出一些意想不到的效果。

### 6.5.1 遮罩动画概述

在制作动画的过程中，有些效果用通常的方法很难实现，如：手电筒、百叶窗、放大镜等效果，以及一些文字特效。这时，就要用到遮罩动画了。

要创建遮罩动画，需要有两个图层，一个遮罩层，一个被遮罩层。要创建动态效果，可以让遮罩层动起来。对于用作遮罩的填充形状，可以使用补间形状；对于文字对象、图形实例或影片剪辑，可以使用补间动画。

要创建遮罩层，可以将遮罩项目放在要用作遮罩的层上。和填充或笔触不同，遮罩项目像是个窗口，透过它可以看到位于它下面的链接层区域。除了透过遮罩项目显示的内容之外，其余的所有内容都被遮罩层的其余部分隐藏起来。一个遮罩层只能包含一个遮罩项目。按钮内部不能有遮罩层，也不能将一个遮罩应用于另一个遮罩。

在 Flash 中，使用遮罩层可以制作出特殊的遮罩动画效果，例如聚光灯效果。如果将遮罩层比作聚光灯，当遮罩层移动时，它下面被遮罩的对象就像被灯光扫过一样，被灯光扫过的地方清晰可见，没有被扫过的地方将不可见。另外，一个遮罩层可以同时遮罩几个图层，从而产生出各种特殊的效果。

### 6.5.2 创建遮罩动画

下面通过实例介绍遮罩层的使用方法，具体操作步骤如下。

| 素材文件：光盘\素材文件\第 6 章\6-5-2 |
| 结果文件：光盘\结果文件\第 6 章\6-5-2.fla |
| 教学文件：光盘\教学文件\第 6 章\6-5-2.avi |

**STEP 01**：**设置文档**。新建一个 Flash 文档，执行"修改→文档"命令，打开"文档设置"对话框，在对话框中将"舞台大小"设置为 600 像素（宽）×400 像素（高），"背景颜色"设置为黑色，如左下图所示。设置完成后单击"确定"按钮。

**STEP 02**：**导入图像**。执行"文件→导入→导入到舞台"命令，将一幅背景图片导入到舞台上，如右下图所示。

第 6 章　Flash 中的基础动画

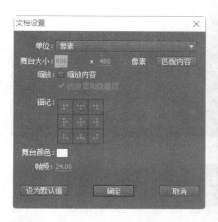

STEP 03：**绘制圆**。新建一个图层 2，选中图层 2 的第 1 帧，使用椭圆工具 在舞台的左侧绘制一个无边框、填充色随意的小圆，如左下图所示。

STEP 04：**移动圆**。在图层 1 的第 40 帧处插入帧，在图层 2 的第 40 帧处插入关键帧。然后选中图层 2 第 40 帧中的小圆，将其移动到舞台的右侧，如右下图所示。

STEP 05：**创建动画**。选中图层 2 的第 1 帧，执行"插入→补间形状"命令，即可为选择的关键帧创建形状补间动画，如左下图所示。

STEP 06：**创建遮罩层**。在图层 2 上右击，在弹出的快捷菜单中选择"遮罩层"命令，如右下图所示。

113

STEP 07：欣赏最终效果。保存文件，按下"Ctrl+Enter"组合键，欣赏本例的完成效果，如下图所示。

## 6.6 同步训练——实战应用

### 实例1：月夜里的白鹤

| 素材文件：光盘\素材文件\第6章\1.jpg、2.png |
| 结果文件：光盘\结果文件\第6章\实例1.fla |
| 教学文件：光盘\教学文件\第6章\实例1.avi |

### 制作分析

本例难易度：★★☆☆☆

| 关键提示： | 知识要点： |
|---|---|
| 本例使用任意变形工具与动作补间动画制作月夜里的白鹤动画。 | ● 任意变形工具<br>● 动作补间动画 |

# 第6章 Flash 中的基础动画

## ➡ 具体步骤

**STEP 01**：**设置文档**。新建一个 Flash 文档，执行"修改→文档"命令，打开"文档设置"对话框，在对话框中将"舞台大小"设置为 650 像素（宽）×420 像素（高），如左下图所示。设置完成后单击"确定"按钮。

**STEP 02**：**导入图像**。执行"文件→导入→导入到舞台"命令，将一幅背景图片导入到舞台上，如右下图所示。

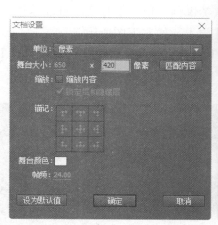
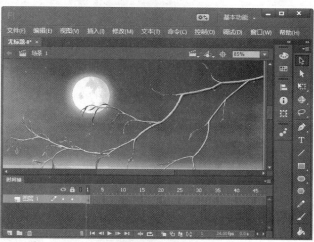

**STEP 03**：**导入图像**。新建图层 2，将一幅白鹤图像导入到舞台上，并将其移动到舞台的右侧，如左下图所示。

**STEP 04**：**缩小图像**。在图层 1 与图层 2 的第 130 帧处插入帧。然后在图层 2 的第 48 帧处插入关键帧，将白鹤图像向左上方移动到月亮中，并使用任意变形工具将其缩小，如右下图。

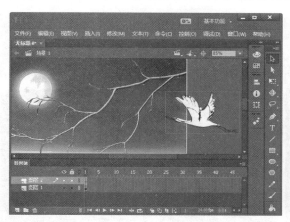
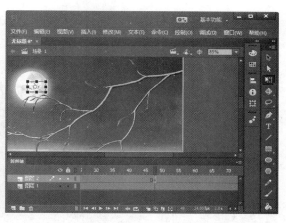

**STEP 05**：**插入关键帧与空白关键帧**。在图层 2 的第 76 帧处插入关键帧，在第 49 帧处插入空白关键帧，如左下图所示。

**STEP 06**：**变换图像**。选择图层 2 的第 76 帧处的白鹤，使用任意变形工具将其调整为脸朝右方，如右下图所示。

STEP 07：**放大图像**。在图层 2 的第 130 帧处插入关键帧，然后选择该帧处的图像，将其向右下方移动到舞台外侧，并使用任意变形工具将其放大，如左下图所示。

STEP 08：**创建动作补间动画**。分别在图层 2 的第 1 帧与第 48 帧之间，第 76 帧与第 130 帧之间创建动作补间动画，如右下图所示。

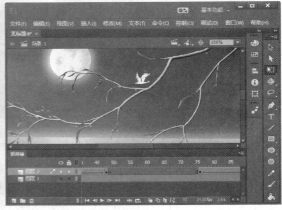

STEP 09：**欣赏最终效果**。保存文件，按下"Ctrl+Enter"组合键，欣赏本例的完成效果，如下图所示。

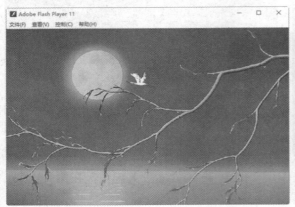

## 实例2：瀑布

➡️ 案例效果

| 素材文件：光盘\素材文件\第6章\3.jpg |
| --- |
| 结果文件：光盘\结果文件\第6章\实例2.fla |
| 教学文件：光盘\教学文件\第6章\实例2.avi |

➡️ 制作分析

本例难易度：★★★☆☆

| 关键提示： | 知识要点： |
| --- | --- |
| 本例通过套索工具与遮罩层的运用来制作瀑布动画效果。 | ● 套索工具<br>● 遮罩层 |

➡️ 具体步骤

**STEP 01**：**设置文档**。新建一个 Flash 文档，执行"修改→文档"命令，打开"文档设置"对话框，在对话框中将"舞台大小"设置为 610 像素（宽）×515 像素（高），"帧频"设置为"12"，如左下图所示。设置完成后单击"确定"按钮。

**STEP 02**：**导入图像**。执行"文件→导入→导入到舞台"命令，将一幅图像导入到舞台中，如右下图所示。

 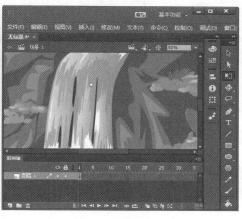

STEP 03：**粘贴图片**。新建图层2，将图层1第1帧处的图片粘贴到图层2的第1帧处，如左下图所示。

STEP 04：**转换为元件**。将图层2隐藏，选择图层1的图片，按下"F8"键，打开"转换为元件"对话框，在"名称"文本框中输入元件的名称"瀑布"，在"类型"下拉列表中选择"图形"选项，如右下图所示。完成后单击"确定"按钮。

STEP 05：**移动图片**。恢复图层2的显示，使用键盘上的方向键将图片向右移动1像素，然后按下"Ctrl+B"组合键将图片打散，如左下图所示。

STEP 06：**删除图像**。选择工具箱中的套索工具，在打散后的图片上删除除水以外的部分，如右下图所示。

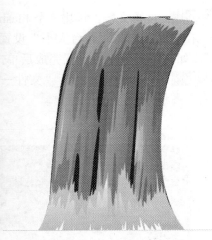

STEP 07：**转换为元件**。选中水，按下"F8"键，将水转换名称为"元件 1"的图形元件，如左下图所示。

STEP 08：**调整 Alpha 值**。选择元件2，在"属性"面板中将其"Alpha"值设置为61%，如右下图所示。

第 6 章　Flash 中的基础动画

**STEP 09**：**绘制矩形**。新建图层 3，使用矩形工具 绘制一个无边框、填充色随意的矩形，并将其移动到舞台上方，如左下图所示。

**STEP 10**：**复制矩形**。复制矩形，直至将舞台铺满，如右下图所示。

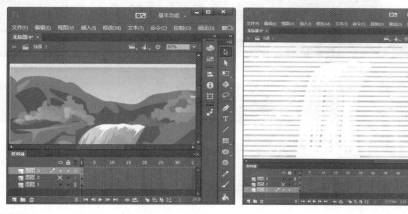

**STEP 11**：**转换为元件**。选中图层 3 中的所有矩形，按下"F8"键，打开"转换为元件"对话框，在"名称"文本框中输入元件的名称"矩形"，在"类型"下拉列表中选择"影片剪辑"选项，如左下图所示。完成后单击"确定"按钮。

**STEP 12**：**移动元件**。在图层 3 的第 30 帧处插入关键帧，将该帧处的元件向下移动一段距离，并在第 1 帧与第 30 帧之间创建动画，最后在图层 1 与图层 2 的第 30 帧处插入帧，如右下图所示。

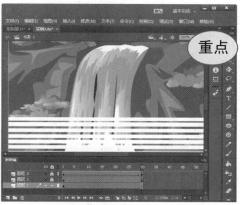

STEP 13：创建遮罩层。在图层 3 上右击，在弹出的快捷菜单中选择"遮罩层"命令，如左下图所示。

STEP 14：欣赏最终效果。保存文件，按下"Ctrl+Enter"组合键，欣赏本例的完成效果，如右下图所示。

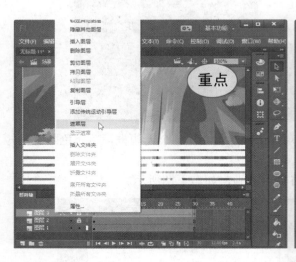

## 本章小结

本章介绍了 Flash 中几种简单动画的创建方法。希望读者通过本章内容的学习，能了解逐帧动画和补间动画的原理，其中补间动画又包含了动作补间动画和形状补间动画两大类，能够灵活运用各种动画的创建方式，编辑出更多的 Flash 动画效果。

# 第 7 章 元件、库和实例

### 本章导读

在 Flash CC 中,对于需要重复使用的资源可以将其制作成元件,然后从"库"面板中拖动到舞台上使其成为实例。合理地利用元件和库,对提高影片制作效率有很大的帮助。本章介绍了三大元件的创建和库的概念。希望读者通过本章内容的学习,能掌握元件的创建、库的管理与使用等知识。

### 知识要点

- ◆ 创建图形元件
- ◆ 创建影片剪辑元件
- ◆ 创建按钮元件
- ◆ 库的管理
- ◆ 创建实例
- ◆ 编辑实例

### 案例展示

 进入? 确定?  欢迎!

## 7.1 知识讲解——元件

Flash 电影中的元件就像影视剧中的演员、道具，都是具有独立身份的元素。它们在影片中发挥着各自的作用，是 Flash 动画影片构成的主体。

### 7.1.1 元件概述

元件是 Flash 中的一种特殊组件，在一个动画中，有时需要一些特定的动画元素多次出现，在这种情况下，就可以将这些特定的动画元素作为元件来制作。这样就可以在动画中对其多次引用了。

元件包括图形元件、影片剪辑元件和按钮元件 3 种类型，且每个元件都有一个唯一的时间轴、舞台以及图层。在 Flash 中可以使用"新建元件"命令创建影片剪辑、按钮和图形 3 种类型的动画元件。使用"新建元件"命令打开"创建新元件"对话框后，在其中可以设置新元件的名称和类型等参数。

### 7.1.2 创建图形元件

在 Flash 电影中，一个元件可以被多次使用在不同位置。各个元件之间可以相互嵌套，不管元件的行为属于何种类型，都能以一个独立的部分存在于另一个元件中，使制作的 Flash 电影有更丰富的变化。图形元件是 Flash 电影中最基本的元件，主要用于建立和储存独立的图形内容，也可以用来制作动画，但是当把图形元件拖动到舞台中或其他元件中时，不能对其设置实例名称，也不能为其添加脚本。

在 Flash CC 中可将编辑好的对象转换为元件，也可以创建一个空白的元件，然后在元件编辑模式下制作和编辑元件。下面就来介绍这两种方法。

**方法一**：将对象转换为图形元件

在场景中，选中的任何对象都可以转换成为元件。下面就介绍转换的方法。

STEP 01：**选择对象**。使用选择工具 选中舞台中的对象，如左下图。

STEP 02：**转换为元件**。执行"修改→转换为元件"命令或者按下"F8"键，打开"转换为元件"对话框，在"名称"文本框中输入元件的名称"小女孩"，在"类型"下拉列表中选择"图形"选项，如右下图。单击"确定"按钮后，位于舞台中的对象就转换为元件了。

## 第 7 章 元件、库和实例

**方法二**：创建新的图形元件

创建新的图形元件是指直接创建一个空白的图形元件，然后进入元件编辑模式创建和编辑图形元件的内容。

**STEP 01**：**输入名称**。执行"插入→新建元件"命令，打开"创建新元件"对话框，在"名称"文本框中输入元件的名称"小孩"，在"类型"下拉列表中选择"图形"选项，如左下图所示。

**STEP 02**：**进入编辑区**。单击"确定"按钮后，工作区会自动从影片的场景转换到元件编辑模式。在元件的编辑区中心处有一个"+"光标，如右下图所示，现在就可以在这个编辑区中编辑图形元件了。

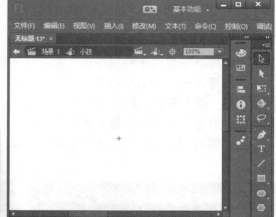

**STEP 03**：**导入图形**。在元件编辑区中可以自行绘制图形或导入图形了，如下图所示。

> **专家提示**：执行"编辑→编辑文档"命令或者直接单击元件编辑区左上角的场景名称 场景1，即可回到场景编辑区。

### 7.1.3 创建影片剪辑元件

影片剪辑是Flash电影中常用的元件类型，是独立于电影时间线的动画元件，主要用于创建具有一段独立主题内容的动画片段。当影片剪辑所在图层的其他帧没有别的元件或空白关键帧时，它不受目前场景中帧长度的限制，做循环播放；如果有空白关键帧，并且空白关键帧所在位置比影片剪辑动画的结束帧靠前，影片会结束，同样也作提前结束循环播放。

执行"插入→新建元件"命令，打开"创建新元件"对话框。在"名称"文本框中输入影片剪辑的名称，在"类型"下拉列表中选中"影片剪辑"选项，如左下图所示。

单击"确定"按钮，系统自动从影片的场景转换到影片剪辑编辑模式。此时在元件的编辑区的中心将会出现一个"+"光标，现在就可以在这个编辑区中编辑影片进行剪辑了。

### 7.1.4 创建按钮元件

按钮元件可以创建用于响应单击、滑过或其他动作的交互式按钮。可以定义与各种按钮状态关联的图形，然后将动作指定给按钮实例。创建按钮元件的操作步骤如下。

**STEP 01**：**输入名称**。执行"插入→新建元件"命令，打开"创建新元件"对话框，在对话框中的"名称"文本框中输入按钮的名称"按钮"，在"类型"下拉列表中选择"按钮"选项，如右下图所示，完成后单击"确定"按钮。

**STEP 02**：**输入名称**。进入按钮编辑区，可以看到时间轴控制栏中已不再是我们所熟悉的带有时间标尺的时间栏，取代时间标尺的是4个空白帧，分别为"弹起"、"指针经过"、"按下"和"点击"，如左下图所示。

**STEP 03**：**绘制图形**。在工作区中绘制图形或导入图形，如右下图。即可制作按钮元件。

**专家提示**

按钮编辑区这4个空白帧分别代表了按钮的4种不同状态，其含义如下：
- 弹起：按钮在通常情况下呈现的状态，即鼠标没有在此按钮上或者未单击此按钮时的状态。
- 指针经过：鼠标指向状态，即当鼠标移动至该按钮上但没有按下此按钮时所处的状态。
- 按下：鼠标按下该按钮时，按钮所处的状态。
- 单击：这种状态下可以定义响应按钮事件的区域范围，只有当鼠标进入到这一区域时，按钮才开始响应鼠标的动作。另外，这一帧仅仅代表一个区域，并不会在动画选择时显示出来。通常，该范围不用特别设定，Flash会自动依照按钮的"弹起"或"指针经过"状态时的面积作为鼠标的反应范围。

## 7.2 知识讲解——库

库是Flash动画中的一个重要设计工具，合理使用库进行设计可以简化设计过程，这也是进行复杂动画设计的重要设计技巧和手段。

### 7.2.1 库的界面

执行"窗口→库"命令或按下"F11"键，打开"库"面板，如下图所示。每个Flash文件都对应一个用于存放元件、位图、声音和视频文件的图库。利用"库"面板可以查看和组织库中的元件。当选取库中的一个元件时，"库"面板上部的小窗口中将显示出来。

下面对"库"面板中各按钮的功能说明如下：

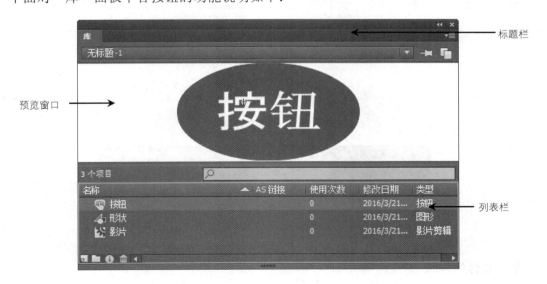

1. 标题栏

标题栏中显示当前 Flash 文件的名称。在标题栏的右上端有一个下拉菜单按钮，单击此按钮后，可以在下拉菜单中选择并执行相关命令。

2. 预览窗口

用于预览所选中的元件。如果被选中的元件是单帧，则在预览窗口中显示整个图形元件。如果被选中的元件是按钮元件，将显示按钮的普通状态。如果选定一个多帧动画文件，预览窗口右上角会出现按钮，单击按钮可以播放动画或声音，单击按钮停止动画或声音的播放。

3. 列表栏

在列表栏中，列出了库中包含的所有元素及它们的各种属性，其中包括：名次、文件类型、使用次数统计、链接情况、修改日期。列表中的内容既可以是单个文件，也可以是文件夹。

## 7.2.2 库的管理

在"库"面板中可以对文件进行重命名、删除文件，并可以对元件的类型进行转换。

1. 文件的重命名

对库中的文件或文件夹重命名的方法有以下几种：

- 双击要重命名的文件的名称。
- 在需要重命名的文件上右击，在弹出的菜单中选择"重命名"命令。
- 选择重命名的文件，在"库"面板标题栏右端的下拉菜单按钮，在弹出的快捷菜单中选择"重命名"命令。

执行上述操作中的一种后，会看到该元件名称呈选中状态，如下图，输入名称即可。

2. 文件的删除

对库中多余的文件，可以选中该文件后按下鼠标右键，在弹出的快捷菜单中选择"删除"

命令，或按下"库"面板下边的删除按钮 ，在 Flash CC 中，删除元件的操作可以通过执行"编辑→撤销"命令撤销。

### 7.2.3 共享库资源

共享库资源可以在多个目标文档中使用源文档的资源并可以通过各种方式优化影片资源管理。

源文档的资源是以外部文件的形式链接到目标文档中的。运行时资源在文档回放期间（即在运行时）加载到目标文档中。在制作目标文档时，包含共享资源的源文档并不需要在本地网络上使用。但是，为了让共享资源在运行时可供目标文档使用，源文档必须张贴到一个URL 上。

设置对于运行时共享资源的步骤如下。

**STEP 01**：打开"元件属性"对话框。选择库列表中的某个文件，在该文件上右击，在弹出的快捷菜单中选择"属性"命令，打开"元件属性"对话框，如左下图所示。

**STEP 02**：设置对话框。单击"高级"按钮，展开高级选项，选中"为运行时共享导出"复选框，使该资源可链接到目标影片。完成后单击"确定"按钮即可。

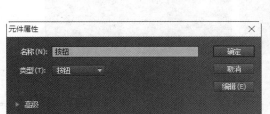
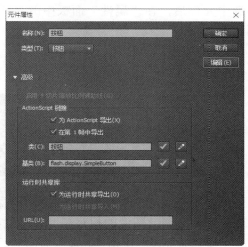

## 7.3 知识讲解——实例

将"库"面板中的元件拖动到场景或其他元件中，实例便创建成功，也就是说在场景中或元件中的元件被称为实例。一个元件可以创建多个实例，并且对某个实例进行修改不会影响元件，也不会影响到其他实例。

### 7.3.1 创建实例

创建实例的方法很简单，只需在"库"面板中选中元件，按下鼠标左键不放，将其拖动到场景中，松开鼠标，实例便创建成功。

创建实例时需要注意场景中帧数的设置，多帧的影片剪辑和多帧的图形元件创建实例时，在舞台中影片剪辑设置一个关键帧即可，图形元件则需要设置与该元件完全相同的帧数，动画才能完整地播放。

## 7.3.2 编辑实例

对实例进行编辑，一般指的是类型转换、改变其颜色样式、实例名设置等。要对实例的内容进行改变只有进入到元件中才能操作，并且这样的操作会改变所有用该元件创建的实例。

### 1. 元件类型的转换

在 Flash 影片动画的编辑中，可以随时将元件库中元件的行为类型转换为需要的类型。例如将图形元件转换成影片剪辑，使之具有影片剪辑元件的属性。在需要转换行为类型的图形元件上右键单击，在弹出的快捷菜单中选择"属性"命令，在弹出的"元件属性"对话框中即可为元件选择新的行为类型，如左下图所示。

### 2. 设置元件的"颜色样式"属性

Flash 中的元件可以通过"颜色样式"功能来设置其元件的颜色、亮度、色调、高级和 Alpha 等属性。

选中元件后，在"属性"面板中的"样式"下拉列表中即可选中要应用的选项，如右下图所示。

下面分别介绍这 5 个选项的功能和用法。

- 亮度：调节图像的相对亮度或暗度，度量范围是从黑（-100%）到白（100%）。若要调整亮度，单击"亮度"后面的三角形并拖动滑块，或者在框中输入一个值即可，如下图所示。

● 色调：用相同的色相调整元件的色彩。要设置色调百分比从透明（0%）到完全饱和（100%），可使用属性检查器中的色调滑块；若要调整色调，则单击此三角形并拖动滑块，或者在框中输入一个值；若要选择颜色，可以在各自的框中输入红、绿和蓝色的值，或者单击颜色控件，然后从"颜色选择器"中选择一种颜色，如下图。

● 高级：分别调节实例的红色、绿色、蓝色和透明度值。Alpha 控件可按指定的百分比降低颜色或透明度的值。其他的控件可以按常数值降低或增大颜色或透明度的值，如下图所示。

● Alpha：调节元件的透明度，调节范围从透明（0%）到完全不透明（100%）。若要调整 Alpha 值，可以单击此三角形并拖动滑块，或者在框中输入一个值，如下图。

3. 设置实例名

实例名的设置只针对影片剪辑和按钮元件，图形元件及其他的文件是没有实例名的。当实例创建成功后，在舞台中选择实例，打开"属性"面板，在实例名称文本框中输入的文字为该实例的实例名，如下图所示。

实例名称用于脚本中对某个具体对象进行操作时，称呼该对象的代号。可以使用中文也可以使用英文和数字，在使用英文时注意大小写，因为 Action Script 是会识别大小写的。

## 7.4 同步训练——实战应用

### 实例 1：大海上的小海鸥

| 素材文件：光盘\素材文件\第 7 章\1.jpg、2.png |
|---|
| 结果文件：光盘\结果文件\第 7 章\实例 1.fla |
| 教学文件：光盘\教学文件\第 7 章\实例 1.avi |

## 第7章 元件、库和实例

### ➡ 制作分析

本例难易度：★★★☆☆

| 关键提示： | 知识要点： |
|---|---|
| 本例使用补间动画与影片剪辑元件来制作大海上的小海鸥动画效果。 | ● 创建影片剪辑元件<br>● 设置顺时针旋转 |

### ➡ 具体步骤

**STEP 01**：**设置文档**。新建一个 Flash 文档，执行"修改→文档"命令，打开"文档设置"对话框，在对话框中将"舞台大小"设置为 600 像素（宽）×500 像素（高），"背景颜色"设置为黑色，如左下图所示。设置完成后单击"确定"按钮。

**STEP 02**：**导入图像**。执行"文件→导入→导入到舞台"命令，将一幅背景图片导入到舞台上，如右下图所示。

**STEP 03**：**新建影片剪辑元件**。执行"插入→新建元件"命令，打开"创建新元件"对话框。在"名称"文本框中输入影片剪辑的名称"太阳"，在"类型"下拉列表中选中"影片剪辑"选项，如左下图所示。

**STEP 04**：**导入图像**。完成后单击"确定"按钮，进入影片剪辑"太阳"的编辑区中，执行"文件→导入→导入到舞台"命令导入一幅太阳图片到工作区中，如右下图所示。

STEP 05：**创建动画**。在第 20 帧处按下 "F6" 键，插入关键帧。然后在第 1 帧处右击，在弹出的快捷菜单中选择 "创建传统补间" 命令，如左下图所示。

STEP 06：**设置旋转**。选择第 1 帧，打开 "属性" 面板，在 "旋转" 下拉列表中选择 "顺时针" 选项，如右下图所示。

STEP 07：**新建影片剪辑元件**。执行 "插入→新建元件" 命令，打开 "创建新元件" 对话框。在 "名称" 文本框中输入 "海鸥"，在 "类型" 下拉列表中选中 "影片剪辑" 选项，如左下图所示。

STEP 08：**绘制海鸥形状**。完成后单击 "确定" 按钮进入影片剪辑 "海鸥" 的编辑区中，使用铅笔工具 绘制一个海鸥形状，如右下图所示。

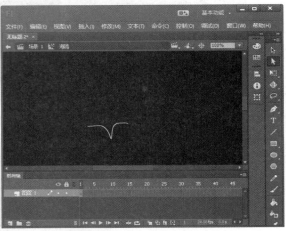

STEP 09：**创建动画**。在时间轴的第 160 帧处插入关键帧，然后将海鸥向左下方移动，最后再为第 1 帧与第 150 帧之间创建补间动画，如左下图所示。

STEP 10：**拖入元件**。单击 场景 1 按钮，返回主场景，在图层 1 的第 160 帧处插入帧，新建一个图层 2，从 "库" 面板中将影片剪辑 "太阳" 拖入到舞台上，并将其移动到舞台的左上方，如右下图所示。

# 第 7 章 元件、库和实例

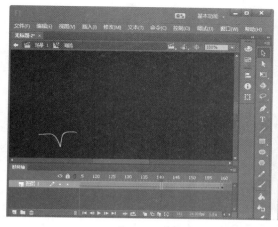 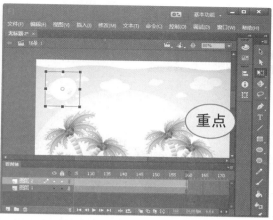

**STEP 11**：**拖入元件**。新建一个图层 3，从"库"面板中拖入 5 个影片剪辑"海鸥"到舞台的右侧，如左下图所示。

**STEP 12**：**调整元件大小**。使用任意变形工具 将 5 个海鸥元件调整成大小不一，如右下图所示。

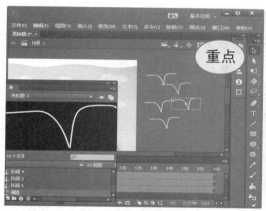 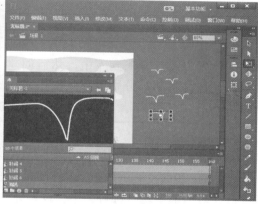

**STEP 13**：**欣赏最终效果**。保存文件，按下"Ctrl+Enter"组合键，欣赏本例的完成效果，如下图所示。

### 实例 2：小白兔按钮

**案例效果**

 进入？ 确定？   欢迎！

| | |
|---|---|
| 素材文件： | 光盘\素材文件\第 7 章\3.jpg、4.jpg、5.jpg |
| 结果文件： | 光盘\结果文件\第 7 章\实例 2.fla |
| 教学文件： | 光盘\教学文件\第 7 章\实例 2.avi |

**制作分析**

本例难易度：★★★☆☆

| 关键提示： | 知识要点： |
|---|---|
| 本例首先将图片导入到库中，然后创建一个按钮元件，将图片分别放置到按钮元件的不同帧中。 | ● 创建按钮元件<br>● 使用"对齐"面板 |

**具体步骤**

**STEP 01**：**设置文档**。新建一个 Flash 文档，执行"修改→文档"命令，打开"文档设置"对话框，在对话框中将"舞台大小"设置为 300 像素（宽）×200 像素（高），"帧频"设置为"24.00"，如左下图所示。设置完成后单击"确定"按钮。

**STEP 02**：**导入图像**。执行"文件→导入→导入到库"命令，将 3 幅图片导入到"库"面板中，如右下图所示。

# 第7章 元件、库和实例

STEP 03：**新建按钮元件**。执行"插入→新建元件"命令，打开"创建新元件"对话框。在"名称"文本框中输入"小白兔"，在"类型"下拉列表中选中"按钮"选项，如左下图所示。

STEP 04：**拖入图片**。完成后单击"确定"按钮，进入按钮元件的编辑状态，从"库"面板里将一幅图片拖入到工作区中。然后按下"Ctrl+K"组合键打开"对齐"面板，单击水平中齐按钮 与垂直居中分布按钮 ，如右下图所示。

STEP 05：**输入文字**。使用文本工具 在图片的右侧输入文字"进入？"，如左下图所示。

STEP 06：**拖入图片**。在"指针经过"处插入空白关键帧。从"库"面板里将一幅图片拖入到工作区中。然后按下"Ctrl+K"组合键打开"对齐"面板，单击水平中齐按钮 与垂直居中分布按钮 ，如右下图所示。

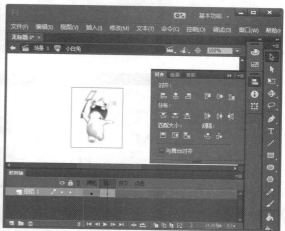

STEP 07：**输入文字**。使用文本工具 在图片的左侧输入文字"确定？"，如左下图所示。

STEP 08：**拖入图片**。在"按下"处插入空白关键帧。从"库"面板里将一幅图片拖入到工作区中。然后按下"Ctrl+K"组合键打开"对齐"面板，单击水平中齐按钮 与垂直居中分布按钮 ，如右下图所示。

 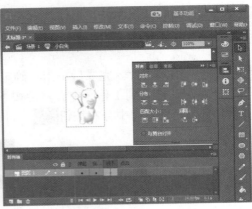

STEP 09：**输入文字**。使用文本工具 T 在图片的右侧输入文字"欢迎？"，如左下图所示。

STEP 10：**拖入元件**。单击 场景1 按钮，返回主场景，从"库"面板中将按钮元件"小白兔"拖入到舞台上，如右下图所示。

STEP 11：**欣赏最终效果**。保存文件，按下"Ctrl+Enter"组合键，欣赏本例的完成效果，如下图所示。

## 本章小结

Flash 电影中的元件就像影视剧中的演员、道具，是 Flash 动画影片构成的主体。使用元件不但编辑动画更加方便，还可以大大减小 Flash 动画的尺寸。这也是进行复杂动画设计的重要设计技巧和手段，希望读者能好好掌握。

# 第 8 章

## 滤镜的使用

**本章导读**

本章主要给读者讲解了滤镜的创建与编辑。这些滤镜包括投影、模糊、发光、斜角等效果，它们能使 Flash 动画影片的画面更加优美。

**知识要点**

- ◆ 投影
- ◆ 模糊
- ◆ 发光
- ◆ 斜角
- ◆ 渐变发光
- ◆ 渐变斜角
- ◆ 禁用、启用与删除滤镜

**案例展示**

## 8.1 知识讲解——添加滤镜

在舞台上选择文本、影片剪辑实例或按钮实例，"属性"面板上即显示滤镜参数设置区，如左下图所示。

在舞台中选中要添加滤镜效果的对象后，即可在"滤镜"栏中单击"添加滤镜"按钮，然后在弹出的菜单中选择要进行的操作命令。

使用"滤镜"菜单可以为对象应用各种滤镜。在滤镜菜单中包括了"投影"、"模糊"、"发光"、"斜角"、"渐变发光"、"渐变斜角"和"调整颜色"等命令，如右下图所示。

### 8.1.1 投影

投影滤镜是模拟光线照在物体上产生阴影的效果。要应用投影效果滤镜，只要选中影片剪辑或文字，然后在滤镜菜单中选择"投影"命令即可，如左下图所示，其效果如右下图所示。

"投影"滤镜参数栏中各项参数的功能分别介绍如下。

- 模糊：指投影形成的范围，分为模糊 X 和模糊 Y，分别控制投影的横向模糊和纵向模糊；单击"链接 X 和 Y 属性值"按钮，可以分别设置模糊 X 和模糊 Y 为不同的数值。

- 强度：指投影的清晰程度，数值越高，得到的投影就越清晰。
- 品质：指投影的柔化程度，分为低、中、高三个档次；档次越高，效果就越真实。
- 颜色：用于设置投影的颜色。
- 角度：设定光源与源图形间形成的角度，可以通过数值设置。
- 距离：源图形与地面的距离，即源图形与投影效果间的距离。
- 挖空：勾选该选项，将把产生投影效果的源图形挖去，并保留其所在区域为透明，如左下图。
- 内阴影：勾选该选项，可以使阴影产生在源图形所在的区域内，使源图形本身产生立体效果，如右下图。

- 隐藏对象：该选项可以将源图形隐藏，只在舞台中显示投影效果，如左下图。

## 8.1.2 模糊

模糊滤镜效果，可以使对象的轮廓柔化，变得模糊。通过对模糊 X、模糊 Y 和品质的设置，可以调整模糊的效果，如下图所示。

"模糊"滤镜参数栏中各项参数的功能分别介绍如下。

- 模糊 X：设置在 x 轴方向上的模糊半径，数值越大，图像模糊程度越高。
- 模糊 Y：设置在 y 轴方向上的模糊半径，数值越大，图像模糊程度越高。
- 品质：指模糊的程度，分为低、中、高 3 个档次；档次越高，得到的效果就越好，模糊程度就越高，分别如下图左中右所示。

### 8.1.3 发光

发光滤镜效果是模拟物体发光时产生的照射效果，其作用类似于使用柔化填充边缘效果，但得到的图形效果更加真实，而且还可以设置发光的颜色，使操作更为简单，参数设置如左下图，设置后的效果如右下图所示。

"发光"滤镜参数栏中各项参数的功能分别介绍如下。

- 模糊 Y：设置在 x 轴方向上的模糊半径，数值越大，图像模糊程度越高。
- 模糊 Y：设置在 y 轴方向上的模糊半径，数值越大，图像模糊程度越高。
- 强度：指发光的清晰程度，数值越高，得到的发光效果就越清晰。
- 颜色：用于设置投影的颜色。
- 挖空：勾选该选项，将把产生发光效果的源图形挖去，并保留其所在区域为透明，如左下图所示。
- 内发光：勾选该选项，可以使阴影产生在源图形所在的区域内，使源图形本身产生立体效果，如右下图所示。

## 8.1.4 斜角

斜角滤镜效果可以使对象的迎光面出现高光效果，背光面出现投影效果，从而产生一个虚拟的三维效果，参数设置如左下图所示，设置后的效果如右下图所示。

"斜角"滤镜参数栏中各项参数的功能介绍如下。

- 模糊：指投影形成的范围，分为模糊 X 和模糊 Y，分别控制投影的横向模糊和纵向模糊；单击"链接 X 和 Y 属性值"按钮 ，可以分别设置模糊 X 和模糊 Y 为不同的数值。
- 强度：指投影的清晰程度，数值越高，得到的投影就越清晰。
- 品质：指投影的柔化程度，分为低、中、高 3 个档次，档次越高，得到的效果就越真实。
- 阴影：设置投影的颜色，默认为黑色。
- 加亮：设置补光效果的颜色，默认为白色。
- 角度：设定光源与源图形间形成的角度。
- 距离：源图形与地面的距离，即源图形与投影效果间的距离。
- 挖空：勾选该选项，将把产生投影效果的源图形挖去，并保留其所在区域为透明。

在"类型"下拉菜单中，包括 3 个用于设置斜角效果样式的选项：内侧、外侧、全部。

- 内侧：产生的斜角效果只出现在源图形的内部，即源图形所在的区域，原始图像如左下图所示，内侧斜角效果如右下图所示。

- 外侧：产生的斜角效果只出现在源图形的外部，即所有非源图形所在的区域，如左下图所示。
- 全部：产生的斜角效果将在源图形的内部和外部都出现，如右下图所示。

## 8.1.5 渐变发光

"渐变发光"滤镜面板在"发光"滤镜的基础上增添了渐变效果，可以通过面板中的色彩条对渐变色进行控制。渐变发光效果可以对发出光线的渐变样式进行修改，从而使发光的颜色更加丰富，效果更好，参数设置如左下图所示，设置后的效果如右下图所示。

"渐变发光"滤镜参数栏中各项参数的功能分别介绍如下。

- 模糊：指发光的模糊范围，分为模糊 X 和模糊 Y，分别控制投影的横向模糊和纵向模糊。单击"链接 X 和 Y 属性值"按钮，可以分别设置模糊 X 和模糊 Y 为不同的数值。
- 强度：指发光的清晰程度，数值越高，发光部分就越清晰。
- 品质：指发光的柔化程度，分为低、中、高 3 个档次，档次越高，效果就越真实。
- 角度：设定光源与源图形间形成的角度。
- 距离：滤镜距离，即源图形与发光效果间的距离。
- 挖空：勾选该选项，将把产生发光效果的源图形挖去，并保留其所在区域为透明。
- 类型：设置斜角效果样式，包括内侧、外侧和整个 3 个选项。
- 色彩条：设置发光的渐变颜色，通过对控制滑块处的颜色设置达到渐变效果，并且可以添加或删除滑块，以完成更多颜色效果的设置，如左下图所示。

渐变发光滤镜面板的右下角的色彩条可以完成对发光颜色的设置，其使用方法与"颜色"面板中色彩条的使用方法相同。

渐变包含两种或多种可相互淡入或混合的颜色，选择的渐变开始颜色称为 Alpha 颜色。若要更改渐变中的颜色，需要从渐变定义栏下面选择一个颜色滑块，然后单击渐变栏下方显示的颜色空间以显示"颜色选择器"，如右下图所示。

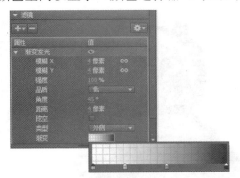
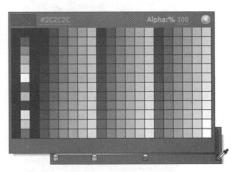

如果在渐变定义栏中滑动这些滑块，可以调整该颜色在渐变中的级别和位置，应用了该滤镜的图像效果也会随之改变，如左下图与右下图所示。

要向渐变中添加滑块，只需要单击渐变定义栏或渐变定义栏的下方即可。将鼠标移到渐变定义栏的下方，单击鼠标左键，如左下图所示，即可添加一个新的滑块，如右下图所示。

### 8.1.6 渐变斜角

渐变斜角滤镜在斜角滤镜效果的基础上添加了渐变功能，使最后产生的效果更加变幻多端，参数设置如左下图所示，设置后的效果如右下图所示。

"渐变斜角"滤镜参数栏中各项参数的功能介绍如下。

- 模糊：指投影形成的范围，分为模糊 X 和模糊 Y，分别控制投影的横向模糊和纵向模糊；单击"链接 X 和 Y 属性值"按钮 ，可以分别设置模糊 X 和模糊 Y 为不同的数值。
- 强度：指投影的清晰程度，数值越高，得到的投影就越清晰。
- 品质：指投影的柔化程度，分为低、中、高 3 个档次，档次越高，效果就越真实。
- 角度：设定光源与源图形间形成的角度。
- 距离：源图形与地面的距离，即源图形与投影效果间的距离。
- 挖空：勾选该选项，将把产生投影效果的源图形挖去，并保留其所在区域为透明。
- 类型：在"类型"下拉菜单中，包括 3 个用于设置斜角效果样式的选项：内侧、外侧、整个。

## 8.2 知识讲解——禁用、启用与删除滤镜

在 Flash 中为对象添加滤镜后，可以通过禁用滤镜和重新启用滤镜来查看对象在添加滤镜前后的效果对比。如果对添加的滤镜不满意，还可能将添加的滤镜删除，重新添加其他滤镜。

### 8.2.1 禁用滤镜

在为对象添加滤镜后，可以将添加的滤镜禁用，不在舞台上显示滤镜效果。可以同时禁用所有的滤镜，也可以单独禁用某个滤镜。下面分别介绍禁用全部滤镜和单独禁用单个滤镜的方法。

禁用所有滤镜的操作步骤如下。

**STEP 01** 选择菜单命令。在"滤镜"参数栏中单击"添加滤镜"按钮，在弹出的菜单中选择"禁用全部"命令，如左下图所示。

**STEP 02** 查看滤镜。在"滤镜"参数栏中可以看到滤镜列表框中的滤镜项目前面都出现了一个 × 图标，表示所有的滤镜都已经禁用，舞台中所有应用了滤镜的对象都恢复到初始状态，如右下图所示。

单独禁用单个滤镜的操作步骤如下。

**STEP 01** 添加滤镜。为舞台中的对象添加滤镜，此时，在"滤镜"参数栏中显示添加的滤镜，如左下图所示，表示该滤镜已经启用。

**STEP 02** 禁用滤镜。选择要禁用的滤镜，然后单击"启用或禁用滤镜"按钮，此时在选择的滤镜后显示 × 图标，即表示当前滤镜已经禁用，如右下图所示。

## 8.2.2 启用滤镜

启用滤镜的方法同禁用滤镜一样，也有全部启用和单独启用两种。下面分别介绍全部启用和单独启用滤镜的方法。

单击"添加滤镜"按钮 ，在下拉菜单中选择"启用全部"命令，即可将已经被禁用的滤镜效果重新启用，如左下图所示。这时，可以看到"滤镜"参数栏左边滤镜效果后的 全部取消，表示该滤镜已经被启用。

在"滤镜"参数栏中选择被禁用的滤镜，单击"启用或禁用滤镜"按钮 ，此时，滤镜后显示 图标消失，启用该滤镜，如右下图所示。

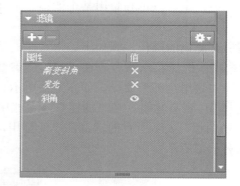

## 8.2.3 删除滤镜

使用"滤镜"参数栏中的"删除滤镜"按钮 ，可以将选中的滤镜效果删除。在"滤镜"参数栏左侧的"滤镜效果"框中，选中要删除的滤镜效果，然后单击"删除滤镜"按钮，即可将该滤镜删除。删除滤镜效果后，舞台上添加了该滤镜的对象即会被取消该滤镜效果，如左下图所示。

同禁用滤镜和启用滤镜一样，单击"添加滤镜"按钮 ，在弹出的下拉菜单中选择"删除全部"命令，即可将所有的滤镜效果全部删除，如右下图所示。

## 8.3 同步训练——实战应用

**实例 1：朦胧的月亮**

➡ 案例效果

 | 素材文件：光盘\素材文件\第 8 章\1.jpg
| 结果文件：光盘\结果文件\第 8 章\实例 1.fla
| 教学文件：光盘\教学文件\第 8 章\实例 1.avi

➡ 制作分析

本例难易度：★★★☆☆

| 关键提示： | 知识要点： |
|---|---|
| 本实例主要使用了椭圆工具、选择工具与发光滤镜来制作。 | ● 调整椭圆<br>● 设置发光滤镜 |

➡ 具体步骤

**STEP 01**：**设置文档**。新建一个 Flash 文档，执行"修改→文档"命令，打开"文档设置"对话框，在对话框中将"舞台大小"设置为 612 像素（宽）×438 像素（高），如左下图所示。设置完成后单击"确定"按钮。

**STEP 02**：**导入图像**。执行"文件→导入→导入到舞台"命令，将一幅背景图片导入到舞台上，如右下图所示。

STEP 03：**新建影片剪辑元件**。执行"插入→新建元件"命令，打开"创建新元件"对话框。在"名称"文本框中输入影片剪辑的名称"月牙"，在"类型"下拉列表中选中"影片剪辑"选项，如左下图所示。

STEP 04：**绘制椭圆**。使用椭圆工具 在工作区中绘制一个无边框，填充色为黄色的椭圆，如右下图所示。

STEP 05：**调整椭圆**。使用选择工具 将绘制的椭圆调整为左下图所示的月牙形状。

STEP 06：**新建图层**。单击 场景1按钮回到主场景，新建图层2，如右下图所示。

STEP 07：**拖入影片剪辑元件**。打开"库"面板，将"月牙"影片剪辑元件拖入到舞台上，如左下图所示。

STEP 08：**选择"发光"命令**。打开"属性"面板，单击"添加滤镜"按钮 ，在弹出的菜单中选择"发光"命令，如右下图所示。

第 8 章 滤镜的使用

STEP 09：设置发光属性。将"颜色"设置为"浅黄色"，将发光的模糊值都修改为 220，如左下图所示。

STEP 10：欣赏最终效果。保存文件，按下"Ctrl+Enter"组合键，欣赏本例的完成效果，如右下图所示。

实例 2：春光明媚

| | 素材文件：光盘\素材文件\第 8 章\2.jpg |
|---|---|
| | 结果文件：光盘\结果文件\第 8 章\实例 2.fla |
| | 教学文件：光盘\教学文件\第 8 章\实例 2.avi |

## ➡ 制作分析

本例难易度：★★★☆☆

| 关键提示： | 知识要点： |
|---|---|
| 本实例主要使用了文本工具与渐变斜角滤镜来制作。 | • 输入文本<br>• 设置渐变斜角滤镜 |

## ➡ 具体步骤

**STEP 01**：**设置文档**。新建一个 Flash 文档，执行"修改→文档"命令，打开"文档设置"对话框，在对话框中将"舞台大小"设置为 520 像素（宽）×550 像素（高），如左下图所示。设置完成后单击"确定"按钮。

**STEP 02**：**输入文本**。选择文本工具 T，在"属性"面板中设置文字的字体为"微软繁琥珀"，将字号设置为 82，将字体颜色设置为红色，"字母间距"设置为 3，如右下图所示。

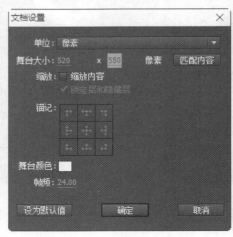

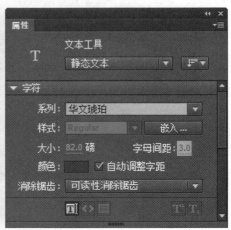

**STEP 03**：**输入文字**。在舞台上输入文字"春光明媚"，如左下图所示。

**STEP 04**：**转换为元件**。选中文字，按下两次"Ctrl+B"组合键将文字打散。然后按下"F8"键将其转换为名称为"文字"的影片剪辑元件，如右下图所示。

STEP 05：**转换为元件**。再次将名称为"文字"的影片剪辑元件转换为名称为"文字1"的影片剪辑元件，双击进入"文字1"的编辑区内，如左下图所示。

STEP 06：**选择"渐变斜角"命令**。选中文字，打开"属性"面板，单击"添加滤镜"按钮，在弹出的菜单中选择"渐变斜角"命令，如右下图所示。

 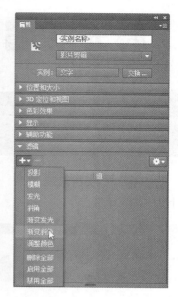

STEP 07：**设置角度**。将"角度"值设置为"0"，如左下图所示。

STEP 08：**设置角度**。在时间轴第50帧处插入关键帧，打开"属性"面板，将"角度"值设置为360，如右下图所示。

STEP 09：**创建动画**。在第1帧与第50帧之间创建补间动画，如左下图所示。

STEP 10：**导入图像**。单击 场景1 按钮回到主场景，新建图层2，将其拖动到图层1的下方，导入一副图像到舞台上，如右下图所示。

**STEP 11**：欣赏最终效果。保存文件，按下"Ctrl+Enter"组合键，欣赏本例的完成效果，如下图所示。

## 本章小结

Flash 滤镜的出现弥补了在图形效果处理方面的不足，使用户在编辑投影类和发光类等图形效果时，可以直接在 Flash 中添加滤镜效果。

# 第 9 章
# 声音和视频的导入与使用

### 本章导读

要使 Flash 动画更加完善、更加引人入胜,只有漂亮的造型、精彩的情节是不够的,为 Flash 动画添加上生动的声音效果,除了可以使动画内容更加完整外,还有助于动画主题的表现。本章介绍声音和视频的导入与使用。

### 知识要点

- ◆ 声音的类型
- ◆ 导入声音
- ◆ 为按钮添加声音
- ◆ 为主时间轴使用声音
- ◆ 声音的处理
- ◆ 导入视频

### 案例展示

## 9.1 知识讲解——声音的导入及使用

声音是多媒体作品中不可或缺的一种媒介手段。在动画设计中，为了追求丰富的、具有感染力的动画效果，恰当地使用声音是十分必要的。优美的背景音乐、动感的按钮音效以及适当的旁白可以更贴切地表达作品的深层内涵，使影片意境的表现更加充分。

### 9.1.1 声音的类型

在 Flash 中，可以使用多种方法在电影中添加声音，例如给按钮添加声音后，鼠标光标经过按钮或按下按钮时将发出特定的声音。

在 Flash 中有两种类型的声音，即事件声音和流式声音。

#### 1. 事件声音

事件声音在动画完全下载之前，不能持续播放，只有下载结束后才可以，并且在没有得到明确的停止指令前，播放是不会结束的，声音会不断地重复播放。当选择了这种声音播放形式后，声音的播放就独立于帧播放，在播放过程中与帧无关。

#### 2. 流式声音

Flash 将流式声音分成小片段，并将每一段声音结合到特定的帧上，对于流式声音，Flash 迫使动画与声音同步。在动画播放过程中，只需下载开始的几帧后就可以播放。

### 9.1.2 导入声音

Flash 影片中的声音，是通过对外部的声音文件导入而得到的。与导入位图的操作一样，执行"文件→导入→导入到舞台"命令，打开"导入"对话框，如左下图所示。在对话框中选择声音文件，就可以进行对声音文件的导入。Flash CC 可以直接导入 WAV 声音（*.wav）、MP3 声音（*.mp3）、AIFF 声音（*.aif）、Midi 格式（*.mid）等格式的声音文件。

导入的声音文件作为一个独立的元件存在于"库"面板中，单击"库"面板预览窗格右上角的播放按钮，可以对其进行播放预览，如右下图所示。

# 第 9 章 声音和视频的导入与使用

执行"文件→导入→导入到舞台"命令只能将声音导入到元件库中，而不是场景中，所以要使影片具有音效还要将声音加入到场景中。选择需添加声音的关键帧或空白关键帧，在"属性"面板中的"名称"下拉列表中可以选择需要的声音元件，如右图所示。

## 9.1.3 为按钮添加声音

在 Flash 中，可以使声音和按钮元件的各种状态相关联，当按钮元件关联了声音后，该按钮元件的所有实例中都有声音。

下面将介绍一个"有声按钮"的制作过程，当鼠标放到按钮上时会发出声音。

| 素材文件：光盘\素材文件\第 9 章\9-1-3.mp3、1.png |
|---|
| 结果文件：光盘\结果文件\第 9 章\9-1-3.fla |
| 教学文件：光盘\教学文件\第 9 章\9-1-3.avi |

**STEP 01**：导入声音。新建一个 Flash 文档，执行"文件→导入→导入到舞台"命令，弹出"导入"对话框，在对话框中选择一个声音文件。完成后单击"打开"按钮，声音就被导入到 Flash 中。

**STEP 02**：创建按钮元件。执行"插入→新建元件"命令，打开"创建新元件"对话框，在对话框的"名称"文本框中输入元件的名称"声音按钮"，在"类型"下拉列表中选择"按钮"选项。然后单击"确定"按钮，进入按钮元件编辑区。

**STEP 03**：导入图像。执行"文件→导入→导入到舞台"命令，将一幅按钮图像导入到舞台上，如左下图所示。

**STEP 04**：插入关键帧。在时间轴上的"指针经过"帧处按下"F6"键，插入关键帧，如右下图所示。

**STEP 05**：添加声音。新建一个图层 2，在"指针经过"帧处插入关键帧。在"属性"

面板中的"名称"下拉列表中选择刚导入的声音文件,为"指针经过"帧添加声音,如左下图所示。

**STEP 06**:**拖入元件**。返回到主场景中,将创建的按钮元件从"库"面板拖入到舞台中,如右下图所示。

> 专家提示　为"指针经过"帧添加声音,表示在浏览动画时,将鼠标移动到按钮上就会发出声音。

**STEP 07**:**欣赏最终效果**。保存文件,按下"Ctrl+Enter"组合键,欣赏本例的完成效果,如下图所示。

>  新手注意　为按钮添加音效时,虽然过程并不复杂,但在实际应用中会增加访问者下载页面数据的时间。所以,在制作应用于网页的动画作品时,一定要注意声音文件的大小。

在设计过程中,可以将声音放在一个独立的图层中,这样做有利于方便地管理不同类型的设计素材资源。

在制作声音按钮时,将音乐文件放在按钮的"按下"帧中,当用鼠标单击按钮时,会发出声音。当然,也可以设置按钮在其他状态时的声音,这时只需要在对应状态下的帧中拖入声音即可。

### 9.1.4 为主时间轴使用声音

在文档中添加声音很简单。首先将声音文件导入到"库"面板中。然后在"时间轴"面板中选中要插入声音的帧。从"库"面板中将声音拖放到舞台中,如左下图所示。在时间轴面板中将声音文件所在的帧延长到需要的位置,如第42帧,可以看到在这42帧之间添加了声音内容,如右下图所示。

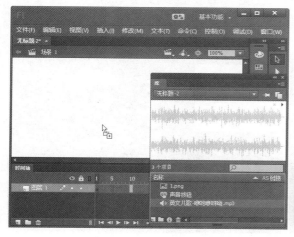

## 9.2 知识讲解——声音的处理

在使用导入的声音文件前,需要对导入声音进行适当的处理。可以通过"属性"面板、"声音属性"对话框和"编辑封套"对话框处理声音效果。

### 9.2.1 声音属性的设置

向 Flash 动画中引入声音文件后,该声音文件首先被放置在"库"面板中,执行下列操作之一都可以打开"声音属性"对话框。

- 双击"库"面板中的 图标。
- 在"库"面板中的 图标上单击鼠标右键,在弹出的快捷菜单中选择"属性"命令。
- 选中"库"面板中声音文件,单击"库"面板下方的"属性" 按钮。

在如左下图所示的"声音属性"对话框中,可以对当前声音的压缩方式进行调整,也可以更换导入文件的名称,还可以查看属性信息等。

"声音属性"对话框顶部文本框中将显示声音文件的名称,其下方是声音文件的基本信息,左侧是输入的声音的波形图。右方是一些按钮。

- 更新(U)：对声音的原始文件进行连接更新。
- 导入(I)...：导入新的声音内容。新的声音将在元件库中使用原来的名称并对其进行覆盖。
- 测试(T)：对目前的声音元件进行播放预览。
- 停止(S)：停止对声音的预览播放。

在"声音属性"对话框的"压缩"的下拉列表中共有 5 个选项，分别为"默认值"、"ADPCM（自适应音频脉冲编码）"、"MP3"、"Raw"和"语音"。现将各选项的含义做简要说明。

- 默认值：使用全局压缩设置。
- ADPCM：自适应音频脉冲编码方式用来设置 16 位声音数据的压缩，导出较短小的事件声音时使用该选项。其中包括了 3 项设置，如右下图所示。

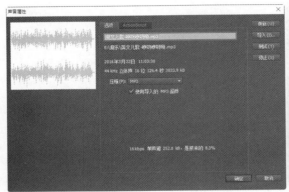

- ①预处理：将立体声转换为单声道，对于本来就是单声道的声音不受该选项影响。
- ②采样率：用于选择声音的采样频率。采样频率为 5KHz 是语音最低的可接受标准，低于这个比率，人的耳朵将听不见；11KHz 是电话音质；22KHz 是调频广播音质，也是 Web 回放的常用标准；44KHz 的是标准 CD 音质。如果作品中要求的质量很高，要达到 CD 音乐的标准，必须使用 44KHz 的立体声方式，其每 1 分钟长度的声音约占 10MB 左右的磁盘空间，容量是相当大的。因此，既要保持较高的声音质量，又要减小文件的容量，常规的做法是选择 22KHz 的音频质量。
- ③ADPCM 位：决定在 ADPCM 编辑中使用的位数，压缩比越高，声音文件大小越小，音质越差。在此系统提供了 4 个选项，分别为"2 位"、"3 位"、"4 位"和"5 位"。5 位为音质最好。
- MP3：如果选择了该选项，声音文件会以较小的比特率、较大的压缩比率达到近乎完美的 CD 音质。在需要导出较长的流式声音(例如音乐音轨)时，即可使用该选项。
- Raw：如果选择了该选项，在导出声音过程中将不进行任何加工。
- 语音：如果选择了该选项，该选项中的"预处理"将始终为灰色，为不可选状态，"采样频率"的设置同 ADPCM 中采样频率的设置。

## 9.2.2 设置事件的同步

通过"属性"面板的"同步"区域，可以为目前所选关键帧中的声音进行播放同步的类型设置，对声音在输出影片中的播放进行控制，如下图所示。

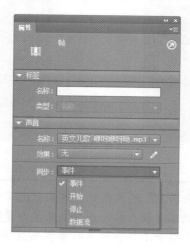

### 1. 同步类型

（1）事件

在声音所在的关键帧开始显示时播放，并独立于时间轴中帧的播放状态，即使影片停止也将继续播放，直至整个声音播放完毕。

（2）开始

和"事件"相似，只是如果目前的声音还没有播放完，即使时间轴中已经经过了有声音的其他关键帧，也不会播放新的声音内容。

（3）停止

时间轴播放到该帧后，停止该关键帧中指定的声音，通常在设置有播放跳转的互动影片中才使用。

（4）数据流

选择这种播放同步方式后，Flash 将强制动画与音频流的播放同步。如果 Flash Player 不能足够快地绘制影片中的帧内容，便跳过阻塞的帧，而声音的播放则继续进行并随着影片的停止而停止。

### 2. 声音循环

如果要使声音在影片中重复播放，可以在"属性"面板"同步"区域对关键帧上的声音进行设置。

- 重复：设置该关键帧上的声音重复播放的次数，如左下图所示。
- 循环：使该关键帧上的声音一直不停地循环播放，如右下图所示。

 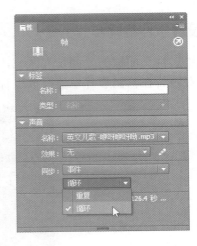

 如果使用"数据流"的方式对关键帧中的声音进行同步设置，则不宜为声音设置重复或循环播放。因为音频流在被重复播放时，会在时间轴中添加同步播放的帧，文件大小就会随声音重复播放的次数陡增。

### 9.2.3 音效的设置

导入到 Flash 影片中的声音，通常都是已经确定好音效的文件。在实际的影片编辑中，经常需要对使用的声音进行播放时间和声音效果的编辑，使其更符合影片动画的要求。例如为声音设置淡入淡出、突然提高的效果。

**STEP 01**：**单击"编辑声音封套"按钮**。选择时间轴上已经添加了声音的关键帧，在"属性"面板中单击"效果"下拉列表右侧的"编辑声音封套" 按钮，如左下图所示。

**STEP 02**：**选择效果**。打开"编辑封套"对话框，在对话框的"效果"下拉列表中为该声音选择需要的处理效果，如右下图所示。

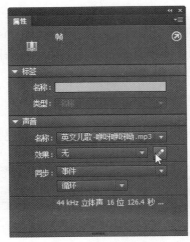 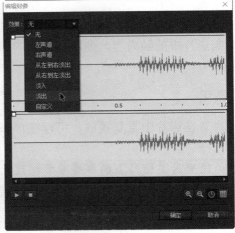

STEP 03：**开始和结束设置**。按住并拖动时间轴中声音开始点或结束点的控制钮，可以对声音在影片中播放的开始和结束位置进行设置，如左下图所示。

STEP 04：**左、右声道的调节**。在声音通道顶部的时间线上单击鼠标左键，可以在该位置增加控制手柄，对声音左、右声道在该位置的声音音量大小分别进行调节，得到如淡入淡出、忽高忽低的效果，如右下图所示。

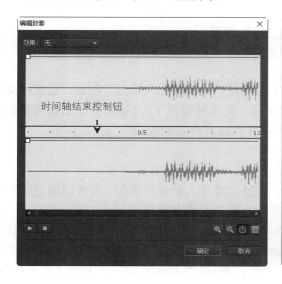
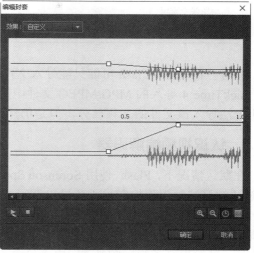

## 9.3 知识讲解——导入视频

Flash CC 可以从其他应用程序中将视频剪辑导入为嵌入或链接的文件。

### 9.3.1 导入视频的格式

在 Flash CC 中并不是所有的视频都能导入到库中，如果用户的操作系统安装了 QuickTime 4（或更高版本）或安装了 DirectX 7（或更高版本）插件，则可以导入各种文件格式视频剪辑。主要格式包括 AVI（音频视频交叉文件）、MOV（QuickTime 影片）和 MPG/MPEG（运动图像专家组文件），还可以将带有嵌入视频的 Flash 文档发布为 SWF 文件。

如果系统中安装了 QuickTime 4，则在导入嵌入视频时支持以下的视频文件格式如表 9-1 所示。

表 9-1　安装了 QuickTime 4 可导入的视频格式

| 文件类型 | 扩 展 名 |
| --- | --- |
| 音频视频交叉 | .avi |
| 数字视频 | .dv |
| 运动图像专家组 | .mpg、.mpeg |
| QuickTime 影片 | .mov |

如果系统安装了 DirectX 7 或更高版本，则在导入嵌入视频时支持以下的视频文件格式如表 9-2 所示。

表 9-2　安装了 DirectX 7 或更高版本导入的视频格式

| 文件类型 | 扩 展 名 |
| --- | --- |
| 音频视频交叉 | .avi |
| 运动图像专家组 | .mpg、.mpeg |
| Windows 媒体文件 | .wmv、.asf |

在有些情况下，Flash 可能只能导入文件中的视频，而无法导入音频。例如，系统不支持用 QuickTime 4 导入的 MPG/MPEG 文件中的音频。在这种情况下，Flash 会显示警告消息，指明无法导入该文件的音频部分，但是仍然可以导入没有声音的视频。

### 9.3.2　认识视频编解码器

在默认情况下，Flash 使用 Sorenson Spark 编解码器导入和导出视频。编解码器是一种压缩/解压缩算法，用于控制导入和导出期间多媒体文件的压缩和解压缩方式。

Sorenson Spark 是包含在 Flash 中的运动视频编解码器，使用者可以向 Flash 中添加嵌入的视频内容。Spark 是高品质的视频编码器和解码器，显著地降低了将视频发送到 Flash 所需的带宽，同时提高了视频的品质。由于包含了 Spark，Flash 在视频性能方面获得了重大飞跃。在 Flash 5 或更早的版本中，只能使用顺序位图图像模拟视频。

现在可供使用的 Sorenson Spark 有两个版本：Sorenson Spark 标准版包含在 Flash 和 Flash Player 中。Spark 标准版编解码器对于慢速运动的内容（例如人在谈话）可以产生高品质的视频。Spark 视频编解码器由一个编码器和一个解码器组成。编码器（或压缩程序）是 Spark 中用于压缩内容的组件。解码器（或解压缩程序）是对压缩的内容进行解压以便能够对其进行查看的组件，解码器包含在 Flash Player 中。

对于数字媒体，可以应用两种不同类型的压缩：时间和空间。时间压缩可以识别各帧之间的差异，并且只存储这些差异，以便根据帧与前面帧的差异来描述帧。没有更改的区域只是简单地重复前面帧中的内容。时间压缩的帧通常称为帧间。空间压缩适用于单个数据帧，与周围的任何帧无关。空间压缩可以是无损的（不丢弃图像中的任何数据）或有损的（有选择地丢弃数据）。空间压缩的帧通常称为内帧。

Sorenson Spark 是帧间编解码器。与其他压缩技术相比，Sorenson Spark 的高效帧间压缩在众多功能中尤为独特。它只需要比大多数其他编解码器都要低得多的数据速率，就能产生高品质的视频。许多其他编解码器使用内帧压缩；例如，JPEG 是内帧编解码器。

帧间编解码器也使用内帧，内帧用作帧间的参考帧（关键帧）。Sorenson Spark 总是从关键帧开始处理，每个关键帧都成为后面的帧间的主要参考帧。只要下一帧与上一帧显著不同，该编解码器就会压缩一个新的关键帧。

## 9.4 同步训练——实战应用

### 实例 1：呱呱叫的小青蛙

➡ 案例效果

| 素材文件：光盘\素材文件\第 9 章\1.jpg、2.png、2.mp3 |
| 结果文件：光盘\结果文件\第 9 章\实例 1.fla |
| 教学文件：光盘\教学文件\第 9 章\实例 1.avi |

➡ 制作分析

本例难易度：★★★☆☆

| 关键提示： | 知识要点： |
|---|---|
| 本例首先新建影片剪辑元件，然后在影片剪辑元件中制作青蛙跳来跳去的动画并添加音效，最后回到主场景并将影片剪辑拖入。 | ● 创建影片剪辑元件<br>● 添加音效 |

➡ 具体步骤

**STEP 01**：**设置文档**。新建一个 Flash 文档，执行"修改→文档"命令，打开"文档设置"对话框，在对话框中将"舞台大小"设置为 500 像素（宽）×380 像素（高），如左下图所示。设置完成后单击"确定"按钮。

**STEP 02**：**新建影片剪辑元件**。执行"插入→新建元件"命令，打开"创建新元件"对话框。在"名称"文本框中输入"青蛙"，在"类型"下拉列表中选中"影片剪辑"选项，如右下图所示。

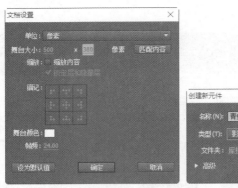

STEP 03：**导入图片**。完成后单击"确定"按钮进入影片剪辑"青蛙"的编辑区中，将一幅青蛙图片导入到编辑区中，如左下图所示。

STEP 04：**插入关键帧**。分别在时间轴的第 4 帧、第 8 帧处插入关键帧，如右下图所示。

STEP 05：**移动图片**。选择第 4 帧中的青蛙图片，将其向上移动，如左下图所示。

STEP 06：**导入声音**。执行"文件→导入→导入到库"命令，将一个声音文件导入到"库"面板中，如右下图所示。

STEP 07：**选择声音文件**。新建图层 2，选择该层的第 1 帧，然后在"属性"面板中的

"名称"下拉列表中选择刚导入的音乐文件,如左下图所示。

STEP 08:导入图像。单击 场景1 按钮,返回主场景,执行"文件→导入→导入到舞台"命令,将一幅背景图像导入到舞台中,如右下图所示。

STEP 09:拖入元件。新建图层2,从"库"面板中将影片剪辑"青蛙"拖入到舞台上,如左下图所示。

STEP 10:欣赏最终效果。保存文件,按下"Ctrl+Enter"组合键,欣赏本例的完成效果,如右下图所示。

## 实例2:播放视频

| 素材文件：光盘\素材文件\第 9 章\1.flv |
| 结果文件：光盘\结果文件\第 9 章\实例 2.fla |
| 教学文件：光盘\教学文件\第 9 章\实例 2.avi |

## 制作分析

本例难易度：★★★☆☆

| 关键提示： | 知识要点： |
|---|---|
| 用户可以将导入后的视频与主场景中帧频同步，也可以调整视频与主场景的时间轴的比率，以便在回放时对视频中的帧进行编辑。 | ● 导入视频<br>● 设置视频外观 |

## 具体步骤

**STEP 01**：设置文档。新建一个 Flash 文档，执行"修改→文档"命令，打开"文档设置"对话框，在对话框中将"舞台大小"设置为 500 像素（宽）×400 像素（高），如左下图所示。设置完成后单击"确定"按钮。

**STEP 02**：打开"选择视频"对话框。执行"文件→导入→导入视频"命令，打开"选择视频"对话框，如右下图所示。

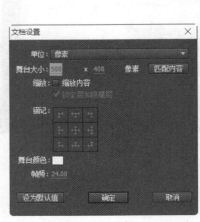
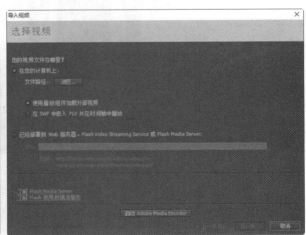

**STEP 03**：选择视频。单击对话框中的"浏览"按钮，在弹出的"打开"对话框中选择一个视频文件，如左下图所示。完成后单击"打开"按钮。

**STEP 04**：设置外观。单击"下一步"按钮，进入"设定外观"对话框，在"外观"下拉列表中选择一种播放器的外观，如右下图所示。

# 第 9 章 声音和视频的导入与使用

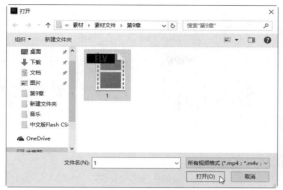
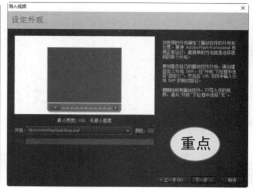

**STEP 05**：完成视频导入。单击"下一步"按钮，完成视频导入，如左下图所示。

**STEP 06**：导入视频到舞台。单击"完成"按钮，视频文件已经成功导入到舞台中了，如右下图所示。

**STEP 07**：欣赏最终效果。保存文件，按下"Ctrl+Enter"组合键，欣赏本例的完成效果，如下图所示。

## 本章小结

本章主要介绍了动画中的声音与视频的导入，希望读者通过对本章内容的学习，能了解声音与视频的各种导入格式、掌握声音的导入及处理方法。

# 第 10 章 Action Script

### 本章导读

  Action Script 是 Flash 的脚本语言，是 Flash 动画的一个重要组成部分，而且是 Flash 动画交互功能的精髓。用户使用它可以创建具有交互性的动画，它极大地丰富了 Flash 动画的形式，可以实现动画的特定功能和效果，同时也给创作者提供了无限的创意空间。

### 知识要点

- ◆ Action Script 概述
- ◆ 添加 Action Script
- ◆ 函数
- ◆ 变量
- ◆ 运算符
- ◆ 常见 Actions Script 命令语句

### 案例展示

# 第 10 章 Action Script

## 10.1 知识讲解——Flash 中的 Action Script

在 Flash CC 中的 Action Script 更加强化了 Flash 的编程功能，进一步完善了各项操作细节，让动画制作者更加得心应手。Action Script 能帮助我们轻松实现对动画的控制，以及对象属性的修改等操作。还可以取得使用者的动作或资料、进行必要的数值计算以及对动画中的音效进行控制等。

### 10.1.1 Action Script 概述

Action Script（简称 AS）是一种面向对象的编程语言，执行 ECMA-262 脚本语言规范，是在 Flash 影片中实现互动的重要组成部分，也是 Flash 优越于其他动画制作软件的主要因素。Flash CC 中使用的 Action Script 编辑出的脚本更加稳定、健全。

自从在 Flash 中引入动作脚本语言（Action Script）以来，它已经有了很大的发展。每一次发布新的 Flash 版本，Action Script 都增加了关键字、方法和其他语言元素。然而，与以前发布 Flash 版本不同，Flash CC 中的 Action Script 引入了一些新的语言元素，可以更加标准的方式实施面向对象的编程，这些语言元素使核心动作脚本语言能力得到显著的增强。

Action Script 支持所有 Action Script 的动作脚本并在语言元素、编辑工具等方面都进行了很大的改进完善。

### 10.1.2 添加 Action Script

在动画设计过程中，可以在 3 个地方加入 Action Script 脚本程序。它们分别是帧、按钮和影片剪辑。

#### 1. 为帧添加脚本

为帧添加的动作脚本只有在影片播放到该帧时才被执行。例如，在动画的第 20 帧处通过 Action Script 脚本程序设置了动作，那么就必须等影片播放到第 20 帧时才会执行相应的动作。因此，这种动作必须在特定的时机执行，与播放时间或影片内容有极大的关系。

#### 2. 为按钮添加脚本

为按钮添加脚本只有在触发按钮时，特定事件时才会执行。例如经过按钮、按下按钮、释放按钮时，事件发生。许多互动式程序界面的设计都是由为按钮添加 Action Script 而得以实现。还可以将多个按钮组成按钮式菜单，菜单中的每个按钮实例都可以有自己的动作，即使是同一元件的不同实例也不会互相影响。

#### 3. 为影片剪辑添加脚本

为影片剪辑添加脚本通常是在播放该影片剪辑时 Action Script 被执行。同样，同一影片剪辑的不同实例也可以有不同的动作。这类动作虽然相对较少使用，但如果能够灵活运用，将会简化许多工作流程。

## 10.2 知识讲解——函数

Actions 是 Flash 特有的程序脚本编辑工具，在使用它进行程序脚本开发前，需要先了解其在程序编辑中的各种基本概念和规则。函数是可以向脚本传递参数并能够返回值的可重复使用的代码块。

### 10.2.1 时间轴控制

对时间轴中的播放头进行跳转、播放、停止等控制并能停止播放所有的声音。

### 10.2.2 浏览器/网络

对 Flash 影片在浏览器或网络中的属性和链接等进行设置。

### 10.2.3 影片剪辑控制

对影片剪辑元件进行控制。

### 10.2.4 用于运算的函数

用于运算的函数包括：打印函数、数学函数、转换函数，该类函数可以对影片中的数据进行处理，然后得到相应的结果。

#### 1. 打印函数

对打印进行控制的函数。

- Escape：撤销 URL 中的非法字符，将其参数转化为 URL 编码格式的字符串。
- Eval：访问并计算表达式（expression）的值，并以字符串（String）的形式返回该值。
- getProperty：获取属性。
- getTimer：获取动画播放到当前帧的总时间（单位：毫秒）。
- getVersion：获取目前浏览器中的 Flash Player 版本号。
- targetPath：返回指定影片剪辑实例的路径字符串。
- unescape：保留字符串中的十六进制字符。

#### 2. 数学函数

将脚本中的参数转换为数值并返回数值给脚本程序以进行运算。其返回值有四种情况：如果 x 为布尔数，则返回 0 或 1；如果 x 为数字，则返回该数字；如果 x 为字符串，则函数将 x 处理为十进制数；如果 x 未定义，则返回 0。

- isFinite：测试数值是否为有限数。
- isNaN：测试是否为非数值。
- parseFloat：将字符串转换成浮点数。
- parseInt：将字符串转换成整数。

### 3. 转换函数

对表达式进行转换，以为脚本获取需要的数据。

- Boolean：布尔值，即所谓的真假值。其数据类型只有真（True）和假（False）两种结果。布尔值的运算也叫逻辑运算。
- Number：计算机程序语言中最单纯的数据类型，包含整数与浮点数（有小数点的数字），不包含字母或其他特殊符号。
- String：将作用对象转换成字符串。所有使用""（双引号）设定起来的数字或文本都是字符串。

## 10.3 知识讲解——变量

变量是程序编辑中重要的组成部分，用来对所需的数据资料进行暂时储存。只要设定变量名称与内容，就可以产生出一个变量。变量可以用于记录和保存用户的操作信息、输入的资料，记录动画播放时间剩余时间，或用于判断条件是否成立等。

在脚本中定义了一个变量后，需要为它赋予一个已知的值，即变量的初始值，这个过程称为初始化变量。通常是在影片的开始位置完成。变量可以存储包括数值、字符串、逻辑值、对象等任意类型的数据，如 URL、用户名、数学运算结果、事件的发生次数等。在为变量进行赋值时，变量存储数据的类型会影响该变量值的变化。

### 10.3.1 变量命名规则

变量的命名必须遵守以下规则：

- 变量名必须以英文字母 a-z 开头，没有大小写的区别。
- 变量名不能有空格，但可以使用下画线（_）。
- 变量名不能与 Actions 中使用的命令名称相同。
- 在它的作用范围内必须是唯一的。

### 10.3.2 变量的数据类型

当用户给变量赋值时，Flash 会自动根据所赋予的值来确定变量的数据类型。如表达式 x＝1 中，Flash 计算运算符右边的元素，确定它是属于数值型。后面的赋值操作可以确定 x 的类型。例如，x＝help 会把 x 的类型改为字符串型，未被赋值的变量，其数据类型为 undefined（未定义）。

在接受到表达式的请求时，Action Script 可以自动对数据类型进行转换。在包含运算符的表达式中，Action Script 根据运算规则，对表达式进行数据类型转换。例如，当表达式中一个操作数是字符串时，运算符要求另一个操作数也是字符串：

"where are you：+011"

这个表达式中使用的"+"（加号）是数学运算符，Action Script 将把数值 011 转换为字符串"011"，并把它添加到第一个字符串的末尾，生成下面的字符串：

"where are you 011"

使用函数：Number，可以把字符串转换为数值；使用函数：String，可以把数值转换为字符串。

### 10.3.3 变量的作用范围

变量的作用范围，是指脚本中能够识别和引用指定变量的区域。Action Script 中的变量可以分为全局变量和局部变量。全局变量可以在整个影片的所有位置产生作用，其变量名在影片中是唯一的；局部变量只在它被创建的括号范围内有效，所以在不同元件对象的脚本中可以设置同样名称的变量而不产生冲突，作为一段独立的代码，独立使用。

### 10.3.4 变量的声明

Actions 脚本中变量不需要特别的声明，但对变量的声明却可以帮助更好地进行脚本的编辑，便于明确变量的意义，有利于程序的调试。变量的声明通常在动画的第一帧进行，可以使用 set Variables 动作或赋值运算符（＝）来声明全局变量，使用 var 命令声明局部变量。

## 10.4 知识讲解——运算符

运算符也称作"操作符"，和数学运算中的加减乘除相似，用来指定表达式中的值是如何被联系、比较和改变的。一个完整的表达式由变量、常数及运算符三个部分组成，例如 t=t-1 这个式子，它包含了变量（t）、常数（1）及运算符（-）这个式子，就是一个可以在 Actions 脚本中成立表达式。

当在一个表达式中使用了两个或多个的运算符时，Flash 会根据运算规则，对各个运算符的优先级进行判断。和数学运算一样，Actions 脚本中的表达式也同样遵循"先乘除后加减"，"有括号先运算括号"的运算规则。在 Actions 脚本中还会常常遇到像"++"、"<>"等的特殊运算符，它们都可以在 Actions 脚本中被执行并发挥各自的意义和作用。Actions 脚本中的运算符分为：数学运算符、比较运算符和逻辑运算符。

### 10.4.1 数学运算符

数学运算符主要用于执行数值的运算。在遇到数据类型的字符串时，Flash 就会将字符串转变成数值后再进行运算。例如可以将（"50"）转变为 50；将不是数据型的字符串（如"seven"）等转换为 0，如表 10-1 所示。

表 10-1 Action Script 中的数学运算符

| 运算符号 | 功　能 | 示　例 |
| --- | --- | --- |
| + | 加 | 3+3=6 |
| - | 减 | 10-5=5 |
| * | 乘 | 4*5=20 |
| % | 除 | 200%10=20 |
| ++ | 自加 | x++ |
| -- | 自减 | y-- |

## 10.4.2 比较运算符

比较运算符用于对脚本中表达式的值进行比较并返回一个布尔值(true 或 false)。在下面的这段脚本中,如果变量 time 的值小于 10,图片 win.jpg 将被载入并播放,否则图片 over.jpg 将被载入并播放。

```
If (time<10){
loadMovie ("win.jpg",1)
} else {
loadMovie ("over.jpg",1)
}
```

在这段脚本中,小于符号(<)就是一个比较运算符。除了和数学运算相同的几个比较运算符外,Actions 中还有多个用于比较运算值的比较运算符号,如表 10-2 所示。

表 10-2　Action Script 中的比较运算符

| 运算符号 | 功　　能 |
| --- | --- |
| == | 等于 |
| < | 小于 |
| > | 大于 |
| <= | 小于或等于 |
| >= | 大于或等于 |
| !== | 不等于 |

## 10.4.3 逻辑运算符

逻辑运算符对两个布尔值进行比较并返回第三个布尔值。如果两个运算符运算的结果都是 true,那么逻辑(与)的运算符&&(and)将返回 true;如果两个运算符运算的结果有一个是 true,那么逻辑(与)的运算符&&(and)将返回 false,而逻辑(或)的运算符(||)将返回 true。将逻辑运算符!(not)放在比较表达式的前面时,可以对运算的结果进行颠倒,如表 10-3 所示。

表 10-3　Action Script 中的逻辑运算符

| 运算符 | 返回值#1 | 返回值#2 | 逻辑运算结果 |
| --- | --- | --- | --- |
| && (and) | T(true) | T(true) | T(true) |
|  | F(false) | F(false) | F(false) |
|  | T | F | F |
|  | F | T | F |
| \|\| (or) | T | T | T |
|  | F | F | F |
|  | T | F | T |
|  | F | T | T |
| ! (not) | T | F |  |
|  | F | T |  |

### 10.4.4 位运算符

对浮点型数字使用位运算符会在内部将其转换成 32 位的整型，所有的位运算符都会对一个浮点数的每一点进行计算并产生一个新值，如表 10-4 所示。

表 10-4　Action Script 中的位运算符

| 运算符 | 功　能 |
| --- | --- |
| & | 按位"与" |
| \| | 按位"或" |
| ^ | 按位"异或" |
| ~ | 按位"非" |
| << | 左移位 |
| >> | 右移位 |
| >>> | 右移位填零 |

### 10.4.5 赋值运算符

可以使用赋值"＝"运算符给变量指定值，如：

x="byebye"；

也可以使用赋值运算符在一个表达式中为多个变量赋值，例如：

x=y=z=6

"6"被同时赋值给 x，y，z。另外也可以使用复合赋值运算符联合多个运算。复合运算符也可以对两个操作数都进行运算，然后将新值赋予第 1 个操作数。例如：

number+=16；

number=number+16；

这两个语句是等价的，都是将变量 number 的值加上 16，再把所得值赋值给变量 number。赋值运算符如表 10-5 所示。

表 10-5　Action Script 中的赋值运算符

| 运算符 | 功　能 |
| --- | --- |
| = | 赋值 |
| += | 相加并赋值 |
| -= | 相减并赋值 |
| *= | 相乘并赋值 |
| %= | 求模并赋值 |
| /= | 相除并赋值 |
| <<= | 按位左移位并赋值 |
| >>= | 按位右移位并赋值 |
| >>>= | 右移位填零并赋值 |
| ^= | 按位异或并赋值 |
| \|= | 按位或并赋值 |
| &= | 按位与并赋值 |

## 10.4.6 相等运算符

相对运算符测试两个表达式是否相等。符号左右的参数可以是数字、字符串、布尔值、变量、对象、数组或函数，比较结果返回一个布尔值。如果表达式相等，则结果为 true。全等运算符也是测试两个表达式是否相等，除了不转换数据类型外，全等运算符执行的运算与等于运算符相同。如果两个表达式完全相等（包括它们的数据类型都相等），则结果为 true。

相等运算符（==）与赋值运算符（=）相比较，相等是比较两个表达式的大小，赋值是将某个具体的数值赋值给变量，如表 10-6 所示。

表 10-6 相等运算符的功能

| 运算符 | 功能 |
| --- | --- |
| == | 等于 |
| === | 全等 |
| != | 不等于 |
| !== | 不全等 |

## 10.4.7 运算符的优先级及结合性

### 1. 运算符的优先级

当两个及两个以上的运算符出现在同一个表达式，先进行优先级高的运算。在没有括号的情况下，优先级从高到低的顺序为：乘除、加减，先运算优先级高的运算符，如果多个同级运算符同时出现按从左到右的顺序运算。在有括号的情况下，括号覆盖正常的优先级顺序，从而导致先计算括号内的表达式。如果括号是嵌套的，则先计算最里面括号中的内容，然后计算较靠外括号中的内容。例如：

time=（18+2）*3；

该程序中先执行结果是 60。

time=18+2*3；

执行结果是 24。

### 2. 运算符的结合性

决定两个或两个以上拥有同样优先级的运算符时，它们执行的顺序就是运算符的结合性，结合性可以是从左到右，也可以是从右到左。例如：

second=2*3*5；

second=（2*3）*5；

这两个语句是等价的，因为乘法操作符的结合性是从左向右。现在将一些动作脚本运算符的结合性，按优先级从高到低排列。

运算符的功能与结合性如表 10-7 所示。

表 10-7　运算符的功能与结合性

| 运算符 | 功　　能 | 结　合　性 |
| --- | --- | --- |
| ( ) | 函数调用 | 从左到右 |
| [ ] | 数组元素 | 从左到右 |
| . | 结果成员 | 从左到右 |
| ++ | 前递增 | 从右到左 |
| -- | 前递减 | 从右到左 |
| new | 分配对象 | 从右到左 |
| delete | 取消分配对象 | 从右到左 |
| typeof | 对象类型 | 从右到左 |
| void | 返回未定义值 | 从右到左 |
| * | 相乘 | 从左到右 |
| / | 相除 | 从左到右 |
| % | 求模 | 从左到右 |
| + | 相加 | 从左到右 |

## 10.5　知识讲解——常见 Actions Script 命令语句

　　Flash CC 的 Action Script 包括近 300 条命令，即使是非常复杂的互动影片，也不可能将它们全部用上。一般的电影编辑会需要的命令通常比较相似，下面介绍一些常用的 Actions 命令语句，使读者可以理解和掌握使用 Actions 进行脚本编辑的操作方法和技巧。

### 10.5.1　播放控制

　　播放控制的实质，是指对电影时间轴中播放头的运动状态进行控制，以产生包括 Play（播放）、Stop（停止）、Stop All Sound（声音的关闭）、Toggle High Quality（画面显示质量的高低）等动作，其控制作用可以作用于电影中的所有对象，是 Flash 互动影片最常见的命令语句。

**1．Play**

　　Play 命令用于继续播放被停止下来的动画。通常被添加在电影中的一个按钮上，在其被按下后即可继续动画的播放，如左下图所示。

**2．Stop**

　　使用 Stop 语句，可以使正在播放的动画停止在当前帧，可以在脚本的任意位置独立使用而不用设置参数。

### 10.5.2　播放跳转

　　goto 语句运行后，将会把时间轴中的播放头引导到指定的位置，并根据具体的参数设置决定继续播放（gotoAndPlay）或停止（gotoAndStop），如右下图所示。

```
on (release) {
    play();
}
```

```
on (release) {
    gotoAndPlay(2);
}
```

在添加了 goto 命令后,先在其参数设置区选择跳转后的帧继续播放还是停止,然后设置跳转播放的位置:

- 场景:设置跳转的目标场景。可选择当前场景、下一场景、上一场景及指定号数的场景。
- 类型:用于设置播放头跳转目标帧位置的识别方式。可以选择确定的帧数、帧标签、表达式或下一帧。
- 帧:确定了跳转的场景和目标识别类型后,在这里输入目标帧号数或选择位置名称。

## 10.5.3 条件语句

条件语句用在影片中需要的位置以设置执行条件,当影片播放到该位置时,程序将对设置的条件进行检查;如果这些条件得到满足,程序将执行其中的动作语句;如果条件不满足,将执行设置的其他动作。

条件语句需要用 If…else(可以理解为"如果……就……;否则就……")命令来设定:在执行过程时,If 命令将判断其后的条件是否成立,如果条件成立,则执行其下面的语句,否则将执行 else 后面的语句。例如下面的语句就是一个典型的条件语句:当变量 score 的值大于等于 100 时,程序将执行 play()语句以继续播放影片,否则将执行 stop()以停止影片的播放。

```
If(score>=100){
play();
}else{
  stop();
}
```

条件语句可以多重嵌套,条件语句 If…else if 可以根据多个条件的判断结果,执行相关的动作语句。else if 的标准语法如下所示:

```
if 逻辑条件1成立
{执行语句1}
else if 逻辑条件2成立
{执行语句2}
……
else if 逻辑条件n成立
{执行语句n}
```

逻辑条件 1 成立时,"执行语句 1"将生效;逻辑条件 2 成立时,"执行语句 2"将生效;以此类推,当逻辑条件 n 成立时,"执行语句 n"将生效;如果所有的条件都不成立,则不执行任何语句。下面的语句便是典型的条件语句互相嵌套的例子。

```
if (this._x>firstBound){
    this._x = firstBound;
    xInc = -xInc;
} else if (this._x<secondBound){
    this._x = secondBound;
    xInc = -xInc;
} else if (this._y>thirdBound){
    this._y = thirdBound;
    yInc = -yInc;
} else if (this._y<fourthBound){
    this._y = fourthBound;
yInc = -yInc;
}
```

### 10.5.4 循环语句

在需要多次执行相同的几个语句时，可以使用 While（可以理解为"当……，就……"）循环语句来完成。循环语句同样要在执行前设置条件，当条件为真时，指定的一个或多个语句将被重复执行，同时执行条件本身也在发生变化。当条件为假时，退出循环体执行后续的语句。While 后面的执行条件可以是常量、变量或表达式，但循环次数必须在 20 000 以内，否则 Flash 将不执行循环体内的其他动作。例如下面的这个循环语句：

```
on (press){
score=0;
//判断执行条件，当条件为真时，指定的语句将重复执行：
while (score<100){
    duplicateMovieClip ("_root.rock", "mc"+score, score);
    setProperty ("mc"+ score, _x, random (200));
    setProperty ("mc"+ score, _y, random (200));
    setProperty ("mc"+ score, _alpha, random (100));
    setProperty ("mc"+ score, _xscale, random (200));
    setProperty ("mc"+ score, _yscale, random (200));
//执行条件本身也将发生变化：
score++;
}
//当条件不满足时，退出此循环，执行后面的语句。
}
```

"//" 是命令 comment（注释）的符号，在脚本中为命令语句添加注释什么。任何出现在注释分隔符 // 和行结束符之间的字符，都将被程序解释为注释并忽略，是复杂的脚本编辑中常用的辅助命令，以帮助对命令语句进行解释，方便以后更改。

## 10.5.5 影片剪辑控制语句

在 Flash 中的影片剪辑控制语句较多，下面主要讲述以下几个最常使用的语句。

### 1. duplicateMovieCilp

duplicateMovieCilp 用于复制影片对象，复制场景上指定 target 的 instance name，并给复制出来的 MovieCilp 一个新的 instance name 和 depth 值。

其语法格式如下。

```
duplicateMovieClip(target,newname,depth);
```

该语法中各语句的含义如下。

- target 表示要重制的影片剪辑所在的目标路径。
- newname 表示已重制的影片剪辑的唯一标识符。
- depth 表示指定新影片对象在 Stage 的深度级别，深度级别是重制的影片剪辑的堆叠顺序。深度级别的概念与图层类似，较高深度级别中的图形会遮挡较低深度级别中的图形，影片剪辑所在的深度级别越高，就越接近用户。必须为每个重制的影片剪辑分配一个唯一的深度级别。

在复制之前，舞台上必须要有一个初始的 MovieClip，初始的 MovieClip 永远在 Stage 的第 0 层上。并且复制后的一个新的 MovieClip 必须被放在不同的层级，否则原有层级的 MovieClip 就会被置换成新的 MovieClip；播放影片剪辑时，一旦删除初始的 MovieClip，则所有已经复制的 MovieClip 就会同时全部从 Stage 上删除；MovieClip 对象上的变量值无法使用 duplicateMovieClip 复制到新的对象上。

例如下面的语句表示复制名为"a1"的影片剪辑：

```
on(release){
duplicateMovieClip("a1","a1" add i, i);
}
```

### 2. loadMovie

loadMovie 用于加载外部的 swf 影片到当前正在播放的 swf 影片中。其好处在于不用打开一个 Flash 播放器或跳至另一个新的网页，即是可以同时使用一个 player 播放或切换影片文件。其语法格式如下。

```
anyMovieClip.loadMovie(url,target,method)
```

该语法中各语句的含义如下。

- url 表示为相对或绝对路径的 URL 地址。
- target 表示目标对象的路径。
- method 表示变量数据传送的方式，如有变量要跟着送出时，所使用方法有 GET 和 POST 供选择，该选项可以为空。

在使用 target 的方式加载影片文件之前，舞台上一定要事先放置 target 所标识的对象。如果 target MovieClip 被旋转、缩放、变形，则加载后的电影文件也会跟着变动。加载的 target 路径如果相同，新加载的动画文件会取代之前记载的动画文件。

例如下面的语句就表示单击按钮后，程序会导入外部的 book.swf 影片文件，并显示当前的场景。

```
on(release){
clipTarget.loadMovie("book.swf",get);//单击按钮，程序导入外部book.swf影片文件
}
```

### 3. startDrag

startDrag 用来拖动场景上的影片剪辑，执行时，被拖动的影片剪辑会跟着鼠标光标的位置移动。其语法格式如下。

```
startDrag (target);
startDrag (target,[lock]);
startDrag (target,[lock],[left,top,right,down]);
```

该语法中各语句的含义如下。

- target 表示到要设置其属性的影片剪辑实例名称的路径。
- lock 表示以布尔值(true、false)判断对象是否锁定鼠标光标中心点，当布尔值为 true 时，影片剪辑的中心点锁定鼠标光标的中心点。
- left,top,right,down 表示对象在场景上可拖动的上下左右边界，当 lock 为 true 时，才能设置边界的参数。

## 10.6  同步训练——实战应用

### 实例 1：制作嵌入视频

**案例效果**

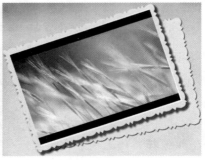

# 第 10 章　Action Script

| | 素材文件：光盘\素材文件\第 10 章\1.jpg、2.flv |
|---|---|
| | 结果文件：光盘\结果文件\第 10 章\实例 1.fla |
| | 教学文件：光盘\教学文件\第 10 章\实例 1.avi |

## ➡ 制作分析

本例难易度：★★★☆☆

| 关键提示： | 知识要点： |
|---|---|
| 本例首先使用嵌入式方法添加视频素材，然后制作控制播放和暂停视频的按钮。 | ● 插入视频<br>● 制作视频控制按钮 |

## ➡ 具体步骤

**STEP 01**：**设置文档**。新建一个 Flash 文档，执行"修改→文档"命令，打开"文档设置"对话框，在对话框中将"舞台大小"设置为 490 像素（宽）×427 像素（高），如左下图所示。设置完成后单击"确定"按钮。

**STEP 02**：**导入图像**。执行"文件→导入→导入到舞台"命令，将一幅背景图像导入到舞台中，如右下图所示。

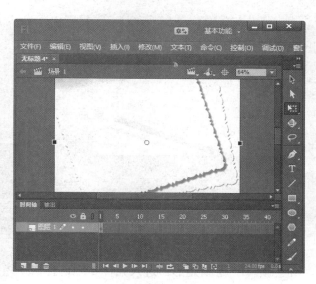

**STEP 03**：**选择视频文件**。新建图层，执行"插入→导入→导入到舞台"命令，打开"导入视频"对话框，单击"浏览"按钮，然后在打开的"导入"对话框中选择视频文件，选择完成后单击"打开"按钮。返回导入视频对话框后，单击"下一步"按钮。如左下图所示。

**STEP 04**：**选择符号类型**。在打开的界面中选择"符号类型"为"影片剪辑"，然后单击"下一步"按钮，如右下图所示。

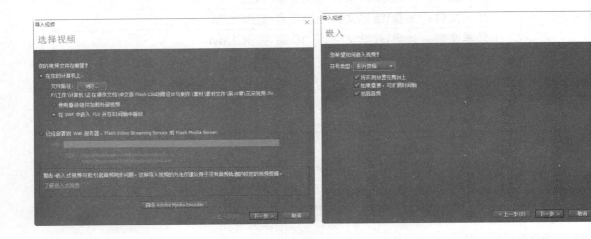

STEP 05：**调整大小和位置**。在出现的界面中单击"完成"按钮，将视频导入舞台中。选中视频素材，在工具箱中选择"任意变形工具"，调整大小和位置，如左下图所示。

STEP 06：**新建元件**。按住"Ctrl+F8"组合键，在打开的"创建新元件"对话框中使用默认名称，设置"类型"为"图形"，然后单击"确定"按钮，如右下图所示。

STEP 07：**绘制矩形**。进入元件1中，使用"矩形工具"在舞台中绘制矩形，绘制完成后，选中矩形，打开"属性"面板，取消"宽"和"高"的锁定，设置"宽"为472，"高"为383。将"笔触颜色"设置为无，将"填充颜色"设置为#CCCCCC，将"Alpha"值设置为40%，如左下图所示。

STEP 08：**拖入元件**。再次按下"Crtl+F8"组合键，使用默认设置，单击"确定"按钮，进入元件2中，按下"Ctrl+R"组合键，打开"导入"对话框，将"播放器按钮"素材导入舞台。然后选中素材，打开"属性"面板，将"宽"设置为170，"高"设置为110，如右下图所示。

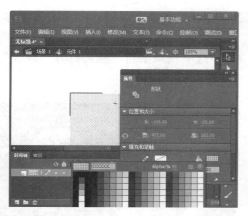 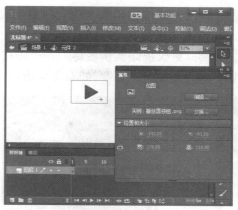

STEP 09：**设置实例名**。按下"Crtl+F8"组合键，在打开的"创建新元件"对话框中，输入"名称"为"按钮"，将"类型"设置为"按钮"，然后单击"确定"按钮，如左下图所示。

STEP 10：**拖动"元件 1"**。打开"库"面板，将"元件 1"拖动舞台中，并调整位置，如右下图所示。

 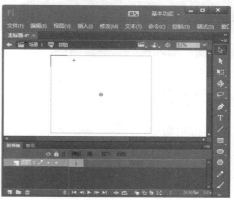

STEP 11：**拖动"元件 2"**。新建图层，将"元件 2"拖动到舞台中，并调整位置，如左下图所示。

STEP 12：**拖动按钮元件**。单击"场景 1"，回到场景中，新建图层，在"库"面板中将按钮元件拖动到舞台中，并使用"任意变形工具"调整，如右下图所示。

STEP 13：更改按钮实例名称。调整完成后，打开"属性"面板，将"实例名称"设置为"p"，如左下图所示。

STEP 14：更改视频实例名称。在"图层2"中选中视频素材，然后打开"属性"面板，将"实例名称"设置为"m"，如右下图所示。

STEP 15：输入代码。新建图层，选中第1帧，按F9键打开"动作"面板，输入如下代码，如左下图所示。

```
m.stop();

//定义布尔值
var isPlay:Boolean
//注册单击事件的接收者
p.addEventListener(MouseEvent.CLICK,onClick)
//定义事件的接收者
function onClick(e:MouseEvent)
{
    //布尔值取反
    isPlay=!isPlay;
    //如果布尔值为true
    if(isPlay)
    {
        //播放影片剪辑实例
        m.play();
        p.alpha=0;
    //如果布尔值为false
    }else
    {
        //停止播放影片剪辑实例
```

```
            m.stop();
            p.alpha=1;

        }
    }
```

STEP 16：**欣赏最终效果**。单击保存文件，按下"Ctrl+Enter"组合键，欣赏本例的完成效果，如右下图所示。

## 实例2：闪烁的星光

→ 案例效果

| 素材文件：光盘\素材文件\第 10 章\3.jpg |
|---|
| 结果文件：光盘\结果文件\第 10 章\实例 2.fla |
| 教学文件：光盘\教学文件\第 10 章\实例 2.avi |

## 制作分析

本例难易度：★★★☆☆

| 关键提示： | 知识要点： |
|---|---|
| 本例通过创建影片剪辑元件、设置元件属性与 Action Script 技术制作闪烁的星光效果。 | ● 设置元件属性<br>● 添加 Action Script |

## 具体步骤

**STEP 01：设置文档**。新建一个 Flash 文档，执行"修改→文档"命令，打开"文档设置"对话框，在对话框中将"舞台大小"设置为 500 像素（宽）×333 像素（高），将"舞台颜色"设置为"灰色"，如左下图所示。设置完成后单击"确定"按钮。

**STEP 02：导入图像**。执行"文件→导入→导入到舞台"命令，将夜空图像导入到工作区中，如右下图所示。

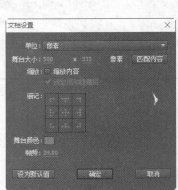

**STEP 03：新建元件**。按下"Ctrl+F8"组合键，打开"创建新元件"对话框，使用默认名称，设置"类型"为"影片剪辑"，然后单击"确定"按钮，如左下图所示。

**STEP 04：绘制圆形**。在工具箱中选择"椭圆工具" ，在舞台中绘制椭圆形，绘制完成后在"属性"面板中将"宽"和"高"均设置为"63"，如右下图所示。

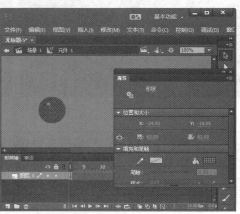

# 第 10 章　Action Script

STEP 05：**设置图形属性**。确认选中绘制的图形，在"颜色面板"中将"笔触颜色"设置为"无"，将"填充颜色"的类型设置为"径向渐变"，在下方将渐变条的色标颜色均设置为白色，并将中间色标的 A 设置为 65%，右侧色标的 A 设置为 0%，然后调整色标的位置，如左下图所示。

STEP 06：**绘制图形**。在按下"Ctrl+F8"组合键，在打开的"创建新元件"对话框中使用默认名称，将"类型"设置为"影片剪辑"，然后单击"确定"按钮。在工具箱中选择"椭圆工具"，在舞台中绘制椭圆形，绘制完成后在"属性"面板中将"宽"设置为"6"，将"高"设置为"268"，如右下图所示。

 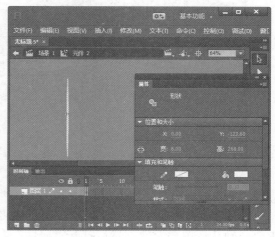

STEP 07：**设置图形颜色**。在"颜色面板"中，将"笔触颜色"设置为"无"，将"填充颜色"设置为"径向渐变"，并将渐变条的色标颜色设置为白色，将右侧色标设置为 75%，如左下图所示。

STEP 08：**复制和粘贴图形**。按下"Ctrl+F8"组合键，在打开的"创建新元件"对话框中使用默认名称，将"类型"设置为"图形"，然后单击"确定"按钮。在"库"面板中将"元件 2"拖入舞台中，并使其中心对齐舞台中心，按住"Ctrl+C"组合键复制，按下"Ctrl+V"组合键粘贴，然后按下"Ctrl+Shift+9"组合键旋转对象，如右下图所示。

 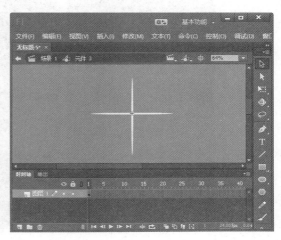

STEP 09：设置滤镜。选中这两个对象，打开"属性"面板，在"滤镜"选项组中单击"添加滤镜"按钮，然后选择"发光"，将"模糊X"和"模糊Y"都设置为"10像素"，将"品质"设置为"高"，将"颜色"设置为"白色"，如左下图所示。

STEP 10：创建新元件。按下"Ctrl+F8"组合键，在打开的对话框中输入名称为"星星"，将"类型"设置为"影片剪辑"。单击"高级"，勾选"为ActionScript导出"复选框，在"类型"文本框中输入"xh_mc"，然后单击"确定"按钮，如右下图所示。

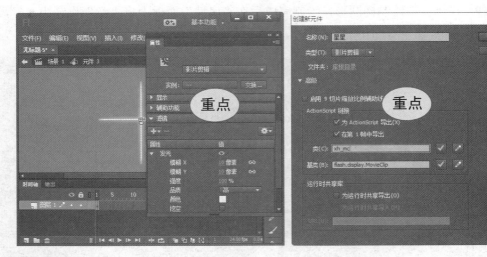

STEP 11：添加滤镜。在"库"面板中将"元件1"拖到舞台中，并使其中心对齐舞台中心，确认选中该元件，然后打开"属性"面板，将"样式"设置为"Alpha"，将"Alpha"值设置为"0%"，单击"添加滤镜"按钮，选择"发光"，将"模糊X"和"模糊Y"均设置为"50像素"，将"强度"设置为"165%"，将"品质"设置为"高"，将"颜色"设置为"白色"，如左下图所示。

STEP 12：插入帧。在图层1的第30帧插入关键帧，选中舞台中的元件，在"属性"面板中将"样式"设置为"无"，并在图层1的关键帧与关键帧之间创建传统补间，在第40帧的位置按"F5"键插入帧，如右下图所示。

## 第 10 章 Action Script

**STEP 13**：**设置元件属性**。新建图层，在库面板中将元件 3 拖到舞台中，并使其中心对齐舞台中心，确认选中该元件，打开"属性"面板，将"样式"设置为"Alpha"，将"Alpha"值设置为"0%"。然后在 30 帧处插入关键帧，在"属性"面板中将"样式"设置为"无"，在该图层的关键帧之间创建传统补间，如左下图所示。

**STEP 14**：**拖动元件**。保返回场景 1，新建图层，将元件 3 拖动 5 次到图片中，并设置每一个元件的大小，如右下图所示。

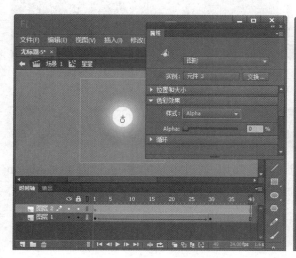 

**STEP 15**：**输入代码**。选中图层 2 的第 1 帧，然后按下"F9"键，在打开的"动作"面板中输入以下代码，如左下图所示。

```
//var sj:Timer=new Timer(Math.random()*300+100,100);
this.parent.addEventListener("click",sjcd);
function sjcd(me:MouseEvent) {
var xh:xh_mc=new xh_mc();
addChild(xh);
xh.x=this.mouseX;
xh.y=this.mouseY;

xh.scaleX=xh.scaleY=Math.random()*0.3;

}
```

**STEP 16**：**欣赏最终效果**。保存文件，按下"Ctrl+Enter"组合键，欣赏本例的完成效果，如右下图所示。

## 本章小结

本章主要介绍了 Action Script 的基础、常用语句等知识。通过本章的学习，读者会对 Action Script 有一个初步的了解和认识，为以后的动画制作做好充分的准备。

# 第 11 章
# 动画的优化与发布

### 本章导读

在完成了一个 Flash 影片的制作以后,可以优化 Flash 作品,并且可以使用播放器预览影片效果。如果测试没有问题,则可以按要求发布影片,或者将影片导出为可供其他应用程序处理的数据。

### 知识要点

- ◆ 减小动画的大小
- ◆ 文本的优化
- ◆ 颜色的优化
- ◆ 导出 Flash 动画
- ◆ 动画的发布

### 案例展示

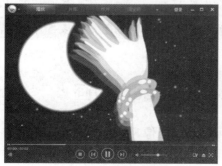

## 11.1 知识讲解——动画的优化

使用 Flash 制作的影片多用于网页，这就牵涉到浏览速度的问题，要让速度快起来必须对作品进行优化，也就是在不影响观赏效果的前提下，减少影片的大小。作为发布过程的一部分，Flash 会自动对影片执行一些优化。例如，它可以在影片输出时检查重复使用的形状，并在文件中把它们放置到一起，与此同时把嵌套组合转换成单个组合。

### 11.1.1 减小动画的尺寸

通过大量的经验累积，我们总结出多种在制作影片的时候优化影片的方法，下面对这些方法逐一介绍。

- 尽量多使用补间动画，少使用逐帧动画。因为补间动画与逐帧动画相比，占用的空间较少。
- 在影片中多次使用的元素，转换为元件。
- 对于动画序列，要使用影片剪辑而不是图形元件。
- 尽量少地使用位图制作动画，位图多用于制作背景和静态元素。
- 在尽可能小的区域中编辑动画。
- 尽可能地使用数据量小的声音格式，如：MP3、WAV 等。

### 11.1.2 文本的优化

对于文本的优化，可以使用以下操作：

- 在同一个影片中，使用的字体尽量少，字号尽量小。
- 嵌入字体最好少用，因为它们会增加影片的大小。
- 对于"嵌入字体"选项，只选中需要的字符，不要包括所有字体。

### 11.1.3 颜色的优化

对于颜色的优化，可以使用以下的操作：

- 使用"属性"面板，将由一个元件创建出的多个实例的颜色进行不同的设置。
- 选择色彩时，尽量使用颜色样本中给出的颜色，因为这些颜色属于网络安全色。
- 尽量减少 Alpha 的使用，因为它会增加影片的大小。
- 尽量少使用渐变效果，在单位区域里使用渐变色比使用纯色需要多 50 个字节。

## 11.2 知识讲解——导出 Flash 动画

在 Flash 中既可以导出整个影片的内容，也可以导出图像、声音等文件。下面将分别对其进行讲解。

## 11.2.1 导出图像

导出图像的具体操作如下：

**STEP 01**：**打开文件**。单击"文件→打开"命令，打开一个动画文件，如左下图所示。

**STEP 02**：**选择图像**。选取某帧或场景中要导出的图形，例如这里选择主场景中第 20 帧的图像，如右下图所示。

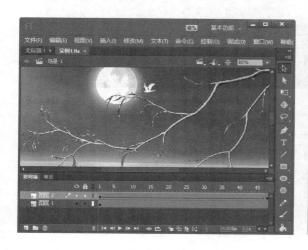 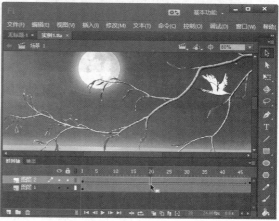

**STEP 03**：**设置对话框**。单击"文件→导出→导出图像"命令，弹出"导出图像"对话框，设置保存路径和保存类型以及文件名，如左下图所示。

**STEP 04**：**设置对话框**。单击 保存(S) 按钮，弹出"导出 JPEG"对话框，读者可以自行设置导出位图的尺寸、分辨率等参数，如右下图所示。

**STEP 05**：**选择"完整文档大小"选项**。在"包含"下拉列表框中选择"完整文档大小"选项，如左下图所示。

**STEP 06**：**打开图像**。设置完成后单击 确定 按钮，即可完成动画图像的导出。此时，即可打开导出的图像，如右下图所示。

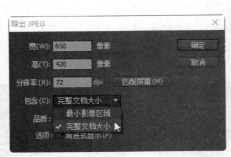 

### 11.2.2 导出影片

执行"文件→导出→导出影片"命令,打开"导出影片"对话框,如左下图所示。在对话框中的"保存类型"下拉列表中选择文件的类型,在"文件名"文本框中输入文件名后,单击 保存(S) 按钮,即可导出动画。

在"保存类型"下拉列表中"SWF 影片(*.swf)"类型的文件必须在安装了 Flash 播放器后才能播放。

## 11.3 知识讲解——动画的发布

为了 Flash 作品的推广和传播,还需要将制作的 Flash 动画文件进行发布。发布是 Flash 影片的一个独特功能。

### 11.3.1 设置发布格式

Flash 的"发布设置"对话框可以对动画发布格式等进行设置,还能将动画发布为其他的图形文件和视频文件格式。其具体的设置方法如下:

STEP 01:执行菜单命令。执行"文件→发布设置"命令,弹出"发布设置"对话框,如左下图所示。

## 第 11 章 动画的优化与发布

**STEP 02**：单击"Flash"选项。单击左侧的"Flash"选项，进入该选项卡，可以对 Flash 格式文件进行设置，如右下图所示。

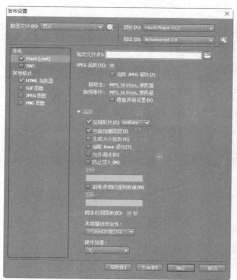 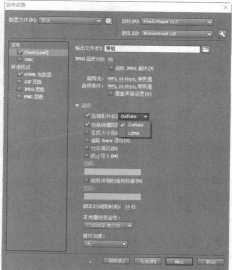

- JPEG 品质：用于将动画中位图保存为一定压缩率的 JPEG 文件，输入或拖动滑块可改变图像的压缩率，如果所导出的动画中不含位图，则该项设置无效。若要使高度压缩的 JPEG 图像显得更加平滑，请选择"启用 JPEG 解块"选项。此选项可减少由于 JPEG 压缩导致的典型失真，如图像中通常出现的 8x8 像素的马赛克。选中此选项后，一些 JPEG 图像可能会丢失少量细节。
- 音频流：在其中可设定导出的流式音频的压缩格式、比特率和品质等。
- 音频事件：用于设定导出的事件音频的压缩格式、比特率和品质等。若要覆盖在"属性"面板的"声音"部分中为个别声音指定的设置，请选择"覆盖声音设置"选项。若要创建一个较小的低保真版本的 SWF 文件，请选择"导出声音设备"选项。
- 压缩影片：压缩 SWF 文件，可以减小文件大小和缩短下载时间。
- 包括隐藏图层：导出 Flash 文档中所有隐藏的图层。取消选择"导出隐藏的图层"选项将阻止把生成的 SWF 文件中标记为隐藏的所有图层（包括嵌套在影片剪辑内的图层）导出。
- 包括 XMP 元数据：默认情况下，将在"文件信息"对话框中导出输入的所有元数据。单击"修改 XMP 元数据"按钮打开此对话框。也可以通过选择"文件→文件信息"命令打开"文件信息"对话框。
- 生成大小报告：创建一个文本文件，记录下最终导出动画文件的大小。
- 省略 trace 语句：用于设定忽略当前动画中的跟踪命令。
- 允许调试：允许对动画进行调试。
- 防止导入：用于防止发布的动画文件被他人下载到 Flash 程序中进行编辑。
- 密码：当选中"防止导入"或"允许调试"复选项后，可在密码框中输入密码。
- 脚本时间限制：若要设置脚本在 SWF 文件中执行时可占用的最大时间量，请在

"脚本时间限制"中输入一个数值。FlashPlayer将取消执行超出此限制的任何脚本。
- 本地播放安全性：包含两个选项，"只访问本地文件"，允许已发布的 SWF 文件与本地系统上的文件和资源交互，但不能与网络上的文件和资源交互；"只访问网络文件"，允许已发布的 SWF 文件与网络上的文件和资源交互，但不能与本地系统上的文件和资源交互。
- 硬件加速：使 SWF 文件能够使用硬件加速。

**STEP 03**：单击"HTML 包装器"选项。对 Flash 格式进行设置后，在"发布设置"对话框中单击"HTML 包装器"选项，进入该选项卡，可以对 HTML 进行相应设置，如左下图所示。

- 模板：用于选择所使用的模板，单击右边的 信息... 按钮，弹出"HTML 模板信息"对话框，显示出该模板的有关信息，如右下图所示。

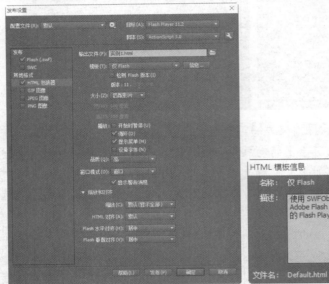

- 大小：用于设置动画的宽度和高度值。主要包括"匹配影片"、"像素"、"百分比" 3 种选项。"匹配影片"表示将发布的尺寸设置为动画的实际尺寸大小；"像素"表示用于设置影片的实际宽度和高度，选择该项后可在宽度和高度文本框中输入具体的像素值；"百分比"表示设置动画相对于浏览器窗口的尺寸大小。
- 开始时暂停：用于使动画一开始处于暂停状态，只有当用户单击动画中的"播放"按钮或从快捷菜单中选择 Play 菜单命令后，动画才开始播放。
- 循环：用于使动画反复进行播放。
- 显示菜单：用于使用户单击鼠标右键时弹出的快捷菜单中的命令有效。
- 设备字体：用反锯齿系统字体取代用户系统中未安装的字体。
- 品质：用于设置动画的品质，其中包括："低"、"自动降低"、"自动升高"、"中"、"高"和"最佳" 6 个选项。
- 窗口模式：用于设置安装有 Flash ActiveX 的 IE 浏览器，可利用 IE 的透明显示、绝对定位及分层功能。包含"窗口"、"不透明无窗口"、"透明无窗口"和"直接" 4 个选项。

① 窗口：在网页窗口中播放 Flash 动画。
② 不透明无窗口：可使 Flash 动画后面的元素移动，但不会在穿过动画时显示出来。
③ 透明无窗口：使嵌有 Flash 动画的 HTML 页面背景从动画中所有透明的地方显示出来。
④ 直接：限制将其他非 SWF 图形放置在 SWF 文件的上面。

- HTML 对齐：用于设置动画窗口在浏览器窗口中的位置，主要有"左"、"右"、"顶部"、"底部"及"默认"5个选项。
- Flash 对齐：用于定义动画在窗口中的位置及将动画裁剪到窗口尺寸。可在"水平"和"垂直"列表中选择需要的对齐方式。其中"水平"列表中主要有"左"、"居中"、"右"3个选项供选择；"垂直"列表中主要有"顶"、"居中"、"底部"3个选项供选择。
- 显示警告消息：用于设置 Flash 是否要警示 HTML 标签代码中所出现的错误。

STEP 04：完成各个选项卡中的参数设置后，单击 确定 按钮，即可将当前 Flash 文件进行发布。

### 11.3.2 发布 Flash 作品

在 Flash CC 中，发布动画的方法有以下几种：

- 按下"Shift + F12"组合键。
- 单击"文件→发布"命令。
- 执行"文件→发布设置"命令，弹出"发布设置"对话框，在发布设置完毕后，单击 发布(P) 按钮即可完成动画的发布。

## 11.4 同步训练——实战应用

### 实例 1：将动画导出为 GIF 动画

➡ 案例效果

| | 素材文件：光盘\素材文件\第 11 章\1.fla |
|---|---|
| | 结果文件：光盘\结果文件\第 11 章\实例 1.G |
| | 教学文件：光盘\教学文件\第 11 章\实例 1 教学视频.avi |

## 制作分析

本例难易度：★★☆☆☆

| 关键提示： | 知识要点： |
|---|---|
| Flash 导出的 swf 格式的动画影片不能直接在电视上播放，需要将其发布为视频文件。为了视频的效果，不要将导出的 swf 格式的动画影片利用第三方软件转换为视频，而是在 Flash CC 中直接进行导出。 | ● 导出影片<br>● 设置"导出 GIF"对话框 |

## 具体步骤

**STEP 01**：**打开源文件**。使用 Flash CC 打开一个准备导出为视频的动画源文件，如左下图所示。

**STEP 02**：**导入影片**。执行"文件→导出→导出影片"命令，打开"导出影片"对话框，如右下图所示。

**STEP 03**：**设置对话框**。在"文件名"文本框中输入视频名称"实例 1"，在"保存类型"下拉列表中选择"GIF 动画（*.gif）"选项，如左下图所示。完成后单击 保存(S) 按钮。

**STEP 04**：**设置参数**。打开"导出 GIF"对话框，在对话框中设置视频的尺寸、颜色等参数，设置完成后单击"确定"按钮即可导入，如右下图所示。

# 第 11 章 动画的优化与发布

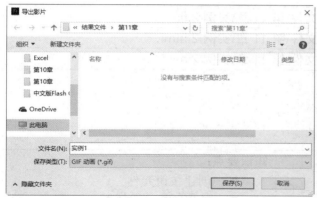
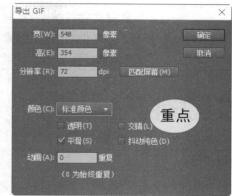

**STEP 05**：**格式变换**。导出完成以后，找到导出视频的文件夹，可以看到动画已经变成视频的格式了，如左下图所示。

**STEP 06**：**观看视频**。双击即可用视频播放器打开文件观看视频，如右下图所示。

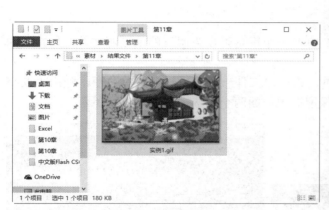

## 实例 2：将动画发布为网页

# 中文版 Flash CC 动画制作

| | |
|---|---|
| 素材文件： | 光盘\素材文件\第 11 章\实例 2.fla |
| 结果文件： | 光盘\结果文件\第 11 章\实例 2.html |
| 教学文件： | 光盘\教学文件\第 11 章\实例 2.avi |

## ➡ 制作分析

本例难易度：★★☆☆☆

**关键提示：**

在制作 Flash 动画时，大部分情况就是将完成的动画应用到网页中。在 Flash CC 中可以将动画直接发布输出为 HTML 网页文件，而不需要先将动画导出，再插入到网页中去。

**知识要点：**

- 创建按钮元件
- 使用"对齐"面板

## ➡ 具体步骤

**STEP 01：打开文档**。使用 Flash CC 打开一个准备发布为网页的动画源文件，如左下图所示。

**STEP 02：打开"发布设置"对话框**。执行"文件→发布设置"菜单命令，弹出"发布设置"对话框，在"发布"选项区中只保留选中前面两个复选项，如右下图所示。

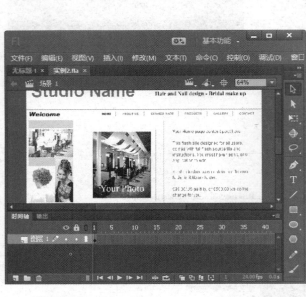

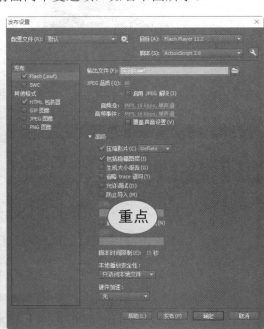

**STEP 03：设置 HTML**。单击"HTML 包装器"标签，进入 HTML 选项卡，设置各项参数，如左下图所示。完成各项设置后，单击 发布(P) 按钮。

**STEP 04：选择文件**。在发布后的源文件文件夹中，选择 HTML 文件，如右下图所示。

第 11 章 动画的优化与发布

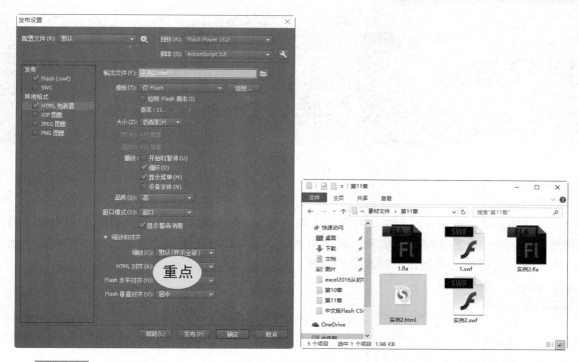

STEP 05：打开网页文件。双击鼠标左键将网页文件打开，效果如下图所示。

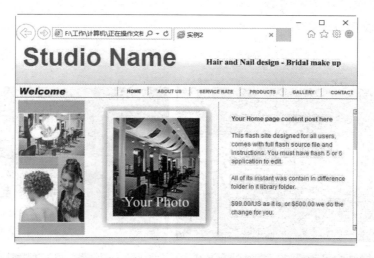

## 本章小结

　　由于 Flash 优越的流媒体技术可以使影片一边下载一边播放，在网站上展示的作品就可以一边下载一边进行播放。但是当作品很大的时候，便会出现停顿或卡帧现象。为了使浏览者可以顺利地观看影片，影片的优化是必不可少的。

# 第 12 章

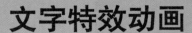
文字特效动画

### 本章导读

在 Flash 动画的制作过程中，常常需要做一些文字特效动画。本章介绍了 5 个根据不同属性的变化来实现的文字特效实例。通过本章的学习，读者还可以通过不同的制作方法，充分发挥自己的想象力来创建不同的文字特效。

### 知识要点

- ◆ 冲击波文字
- ◆ 碰撞的文字
- ◆ 水波文字
- ◆ 毛笔字
- ◆ 放大的文字

### 案例展示

# 第12章 文字特效动画

## 12.1 冲击波文字

### 案例效果

| 素材文件：光盘\素材文件\第 12 章\实例 1 |
|---|
| 结果文件：光盘\结果文件\第 12 章\实例 1.fla |
| 教学文件：光盘\教学文件\第 12 章\无 |

### 制作分析

本例难易度：★★★☆☆

| 关键提示： | 知识要点： |
|---|---|
| 本实例主要使用了文本工具与调整 Alpha 值来制作。 | ● 调整 Alpha 值<br>● 拖入元件 |

### 具体步骤

**STEP 01**：设置文档。新建一个 Flash 文档，执行"修改→文档"命令，打开"文档设置"对话框，在对话框中将"舞台大小"设置为 600 像素（宽）×420 像素（高），如左下图所示。设置完成后单击"确定"按钮。

**STEP 02**：导入图像。执行"文件→导入→导入到舞台"命令，将一幅背景图片导入到舞台上，如右下图所示。

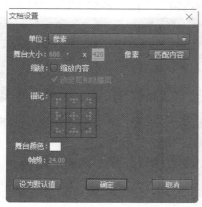 

203

STEP 03：**新建影片剪辑元件**。执行"插入→新建元件"命令，打开"创建新元件"对话框。在"名称"文本框中输入影片剪辑的名称"文字"，在"类型"下拉列表中选中"影片剪辑"选项，如左下图所示。完成后单击"确定"按钮。

STEP 04：**设置文字**。选择文本工具 T，在"属性"面板中设置文字的字体为"华文琥珀"，将字号设置为"76"，将"字母间距"设置为"5"，将字体颜色设置为黄色，如右下图所示。

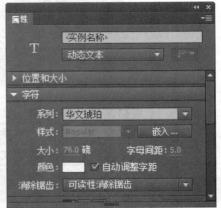

STEP 05：**输入文字**。在影片剪辑编辑区中输入文字"迷人的夜晚"，如左下图所示。

STEP 06：**新建影片剪辑元件**。执行"插入→新建元件"命令，打开"创建新元件"对话框，在"名称"文本框中输入"动画"，在"类型"下拉列表中选择"影片剪辑"选项，如右下图所示。完成后单击"确定"按钮。

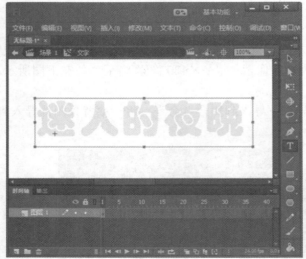

STEP 07：**拖入影片剪辑元件**。打开库面板，把影片剪辑"文字"拖入影片剪辑"动画"中，在时间轴的第 10 帧处按下"F6"键插入关键帧，如左下图所示。

STEP 08：**放大文字**。选中第 10 帧处的文字，将其放大，如右下图所示。

# 第 12 章 文字特效动画

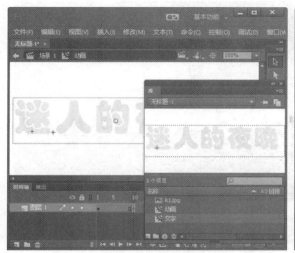

**STEP 09**：设置 Alpha 值。选中第 10 帧处的文字，设置其 Alpha 值为 0%，并在第 1 帧至第 10 帧处创建补间动画，如左下图所示。

**STEP 10**：插入关键帧。回到主场景，新建 5 个图层，分别在第 2～6 层的第 5，10，15，20，25 帧处按下"F6"键插入关键帧，如右下图所示。

**STEP 11**：拖入影片剪辑元件。在"库"面板中将影片剪辑"动画"拖入到第 2～6 层中的关键帧处，并分别在第 1～6 层的第 50 帧处按下"F5"键插入帧，如左下图所示。

**STEP 12**：欣赏最终效果。保存文件，按下"Ctrl+Enter"组合键，欣赏本例的完成效果，如右下图所示。

## 12.2  碰撞的文字

➡ 案例效果

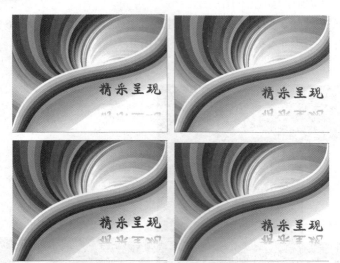

| 素材文件：光盘\素材文件\第 12 章\实例 2 |
| 结果文件：光盘\结果文件\第 12 章\实例 2.fla |
| 教学文件：光盘\教学文件\第 12 章\无 |

➡ 制作分析

本例难易度：★★★☆☆

关键提示：

  本实例制作碰撞文字的动画效果，主要通过将文字转换为元件，并为其创建补间动画来制作。

知识要点：
- 输入文字
- 创建元件及传统补间动画

# 第12章 文字特效动画

## 具体步骤

**STEP 01**：**设置文档**。新建一个 Flash 文档，执行"修改→文档"命令，打开"文档设置"对话框，在对话框中将"舞台大小"设置为 520 像素（宽）×408 像素（高），将"帧频"设置为 23，如左下图所示。设置完成后单击"确定"按钮。

**STEP 02**：**导入图像**。执行"文件→导入→导入到舞台"命令，将一副背景图像导入到舞台上，如右下图所示。

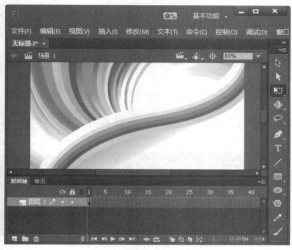

**STEP 03**：**新建影片剪辑元件**。执行"插入→新建元件"命令，打开"创建新元件"对话框，在"名称"文本框中输入"碰撞动画"，在"类型"下拉列表中选择"影片剪辑"选项，如左下图所示。完成后单击"确定"按钮。

**STEP 04**：**建立本框**。在"碰撞动画"元件中，选择"文本工具"在舞台中单击鼠标，然后输入文字。选中输入的文字，打开"属性"面板，将"字体"设置为"方正康体简体"，将"大小"设置为 84，将"颜色"设置为红色，如右下图所示。

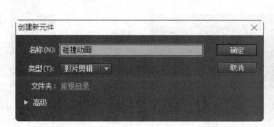
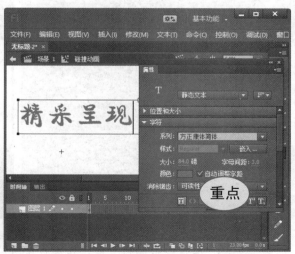

207

STEP 05：**转换为元件**。选中该文字，按下"F8"键，在弹出的"转换为元件"对话框中设置"名称"为"文字 1"，将"类型"设置为"图形"，然后单击"确定"按钮，如左下图所示。

STEP 06：**设置属性**。选中创建的元件，在"属性"面板中将"X"设置为 0，"Y"设置为-72，如右下图所示。

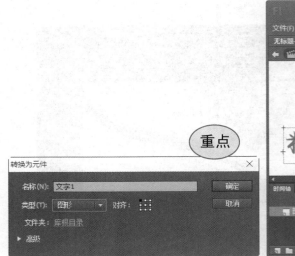
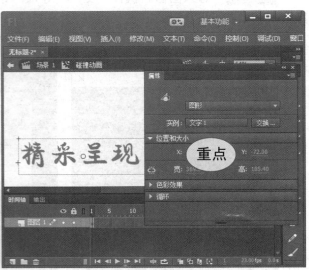

STEP 07：**设置元件属性**。选中该图层的 27 帧，然后选中该帧上的元件，在"属性"面板中将"Y"设置为-25，如左下图所示。

STEP 08：**创建传统补间**。选中该图层的 15 帧，然后单击鼠标右键，在弹出的快捷菜单中选择"创建传统补间"命令，如右下图所示。

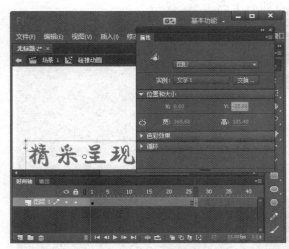
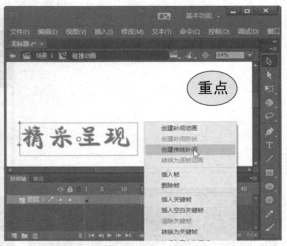

STEP 09：**设置元件属性**。选中该图层的 57 帧，按"F6"键插入关键帧，选中该帧上的元件，在"属性"面板中将"Y"设置为-72，如左下图所示。

STEP 10：创建传统补间。选中该图层的 43 帧，单元鼠标右键，在弹出的快捷菜单中选择"创建传统补间"命令，如右下图所示。

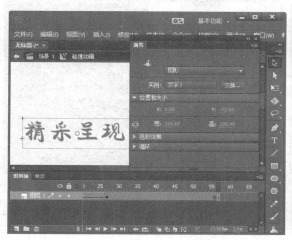
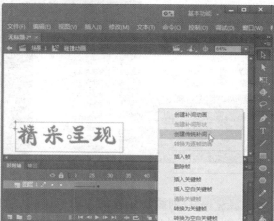

STEP 11：设置元件属性。新建图层，在"库"面板中将"文字1"元件拖动到舞台中，选中该元件，在"变形"面板中单击"倾斜"单选按钮，将"水平倾斜"设置为180，将"垂直倾斜"设置为0，在"属性"面板中将"X"设置为0，将"Y"设置为187，如左下图所示。

STEP 12：设置 Y 值。选中第 27 帧，按下"F6"键插入关键帧，选中该帧上的元件，在"属性"面板中将"Y"设置为"148"，如右下图所示。

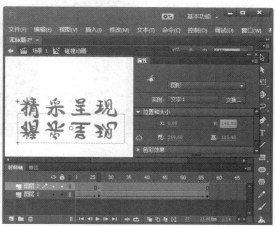

STEP 13：创建传统补间。选中该图层的第 22 帧，单击鼠标右键，在弹出的快捷菜单中选择"创建传统补间"命令，如左下图所示。

STEP 14：设置 Y 值。选中第 57 帧，按下"F6"键插入关键帧，选中该帧上的元件，在"属性"面板中将"Y"设置为"187"，如右下图所示。

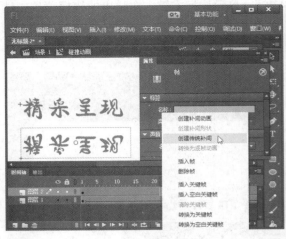 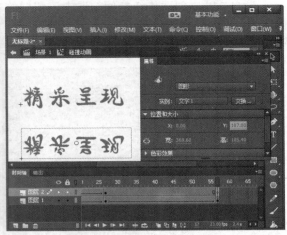

**STEP 15**：创建传统补间。选中该图层的第 40 帧，单击鼠标右键，在弹出的快捷菜单中选择"创建传统补间"命令，如左下图所示。

**STEP 16**：使用元件。回到主场景，新建一个图层 2。从"库"面板中将影片剪辑"碰撞动画"拖入到舞台中，并调整位置和大小，如右下图所示。

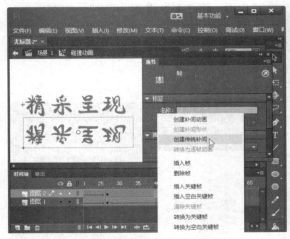 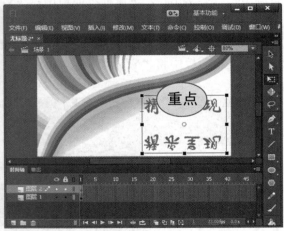

**STEP 17**：绘制图形。新建图层，使用"钢笔工具" 在舞台中绘制一个图形，选中绘制的图形，在"颜色"面板中将填充的填充类型设置为"线性渐变"，将左侧色标的颜色设置为"#FFFFFF"，将右侧色标的颜色设置为"#FFFFFF"，将"Alpha"值设置为"50"，将"笔触填"充设置为无，并使用渐变工具进行调整，如左下图所示。

**STEP 18**：欣赏最终效果。保存文件，按下"Ctrl+Enter"组合键，欣赏本例的完成效果，如右下图所示。

第 12 章　文字特效动画

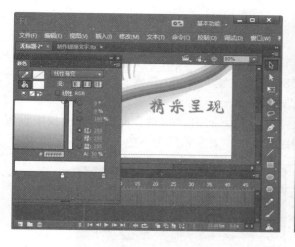

## 12.3　水波文字

### 案例效果

水波字　水波字

水波字　水波字

| 素材文件：光盘\素材文件\第 13 章\ |
|---|
| 结果文件：光盘\结果文件\第 13 章\实例 3.fla |
| 教学文件：光盘\教学文件\第 13 章\无 |

### 制作分析

本例难易度：★★★☆☆

关键提示：

　　本实例通过复制文字、转换为元件与创建遮罩动画来制作。

知识要点：
- 复制文字
- 转换为元件
- 遮罩动画

211

## 具体步骤

**STEP 01**：**设置文档**。新建一个 Flash 文档，执行"修改→文档"命令，打开"文档设置"对话框，在对话框中将"舞台大小"设置为 580 像素（宽）×400 像素（高），"帧频"设置为"12"，如左下图所示。完成后单击"确定"按钮。

**STEP 02**：**设置文字**。在工具箱中单击文本工具，打开"属性"面板，在面板中设置字体为"华文琥珀"，"大小"为 96，"字母间距"为 3，文本颜色为蓝色，如右下图所示。

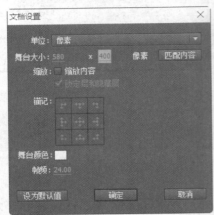 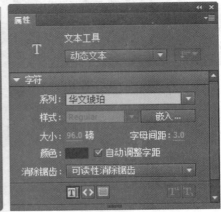

**STEP 03**：**输入文字**。在舞台上输入"水波字"3 个字，如左下图所示。

**STEP 04**：**复制文字**。新建一个图层 2，选择图层 1 的第 1 帧，单击鼠标右键，在弹出的快捷菜单中选择"复制帧"命令，然后选择图层 2 的第 1 帧，单击鼠标右键，在弹出的快捷菜单中选择"粘贴帧"选项，将图层 1 第 1 帧中的内容粘贴到图层 2 第 1 帧中，如右下图所示。

**STEP 05**：**设置 Alpha 值**。单击图层 2 第 1 帧中的文字，按下"F8"键，将其转换为图形元件，然后文字的 Alpha 值设置为"20%"，如左下图所示。

**STEP 06**：**拖动图层**。新建一个图层 3，将其拖动到图层 1 的下方，如右下图所示。

212

第 12 章 文字特效动画

STEP 07：绘制形状。单击图层 3 的第 1 帧，在舞台上文字的下方绘制一个如左下图所示的蓝色形状。

STEP 08：插入关键帧与帧。分别在图层 3 的第 5 帧、第 10 帧、第 15 帧、第 20 帧、第 25 帧、第 30 帧、第 35 帧、第 40 帧、第 45 帧处插入关键帧，在图层 1 与图层 2 的第 45 帧处插入帧，如右下图所示。

STEP 09：调整形状。选择图层 3 的第 5 帧处的形状，将其调整一下，如左下图所示。
STEP 10：调整形状。选择图层 3 的第 10 帧处的形状，将其调整一下，如右下图所示。

STEP 11：调整形状。选择图层 3 的第 15 帧处的形状，将其调整一下，如左下图所示。
STEP 12：调整形状。选择图层 3 的第 20 帧处的形状，将其调整一下，如右下图所示。

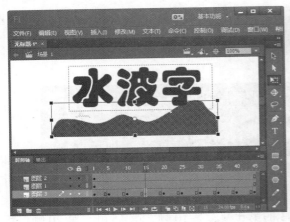 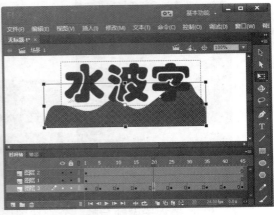

STEP 13：**调整形状**。调整图层 3 剩余关键帧处的形状，直到第 45 帧处的形状将文字遮住，如左下图所示。

STEP 14：**创建动画**。分别在图层 3 各个关键帧之间创建形状补间动画，如右下图所示。

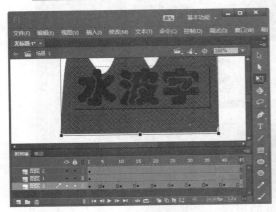 

STEP 15：**创建遮罩层**。在图层 1 上单击鼠标右键，在弹出的快捷菜单中选择"遮罩层"命令，如左下图所示。

STEP 16：**欣赏最终效果**。保存文件，按下"Ctrl+Enter"组合键，欣赏本例的完成效果，如右下图所示。

# 12.4 毛笔字

➡ 案例效果

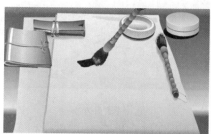 

| 素材文件：光盘\素材文件\第 12 章\实例 4 |
| --- |
| 结果文件：光盘\结果文件\第 12 章\实例 4.fla |
| 教学文件：光盘\教学文件\第 12 章\无 |

➡ 制作分析

本例难易度：★★★☆☆

| 关键提示： | 知识要点： |
| --- | --- |
| 本实例主要使用了文本工具、橡皮擦工具、逐帧动画与翻转帧功能来制作。 | ● 橡皮擦工具<br>● 创建逐帧动画<br>● 翻转帧 |

➡ 具体步骤

**STEP 01**：**设置文档**。新建一个 Flash 文档，执行"修改→文档"命令，打开"文档设置"对话框，在对话框中将"舞台大小"设置为 630 像素（宽）×410 像素（高），"帧频"设置为"12"，如左下图所示。完成后单击"确定"按钮。

**STEP 02**：**设置文字**。选择文本工具 T，在"属性"面板中设置文字的字体为"华文行楷"，将字号设置为"220"，将字体颜色设置为黑色，如右下图所示。

215

 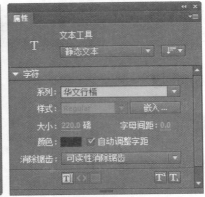

STEP 03：**输入文字**。在舞台上输入文字"丁",如左下图所示。

STEP 04：**导入图像**。执行"文件→导入→导入到舞台"命令,将一副毛笔图像导入到舞台上,如右下图所示。

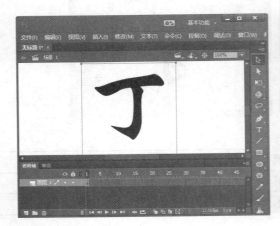 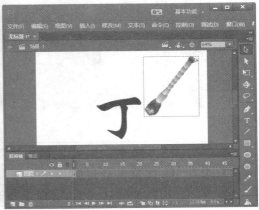

STEP 05：**转换元件**。选中毛笔,按下"F8"键,打开"转换为元件"对话框,在"名称"文本框中输入元件的名称"毛笔",在"类型"下拉列表中选择"影片剪辑"选项,如左下图所示。完成后单击"确定"按钮。

STEP 06：**打散文字**。选中文字,执行"修改→分离"命令,将文字打散,如右下图所示。

 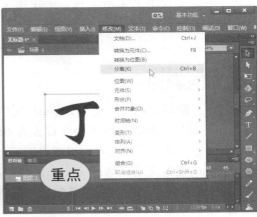

# 第 12 章 文字特效动画

STEP 07：**移动毛笔**。将"毛笔"影片剪辑移动到文字的最后笔画处，如左下图所示。

STEP 08：**擦除文字**。在图层 1 的第 2 帧处插入关键帧。使用橡皮擦工具将文字的最后那一笔画处稍微擦除一些。将"毛笔"影片剪辑稍微移动一点，使其仍然停留在文字的最后那一笔画处，如右下图所示。

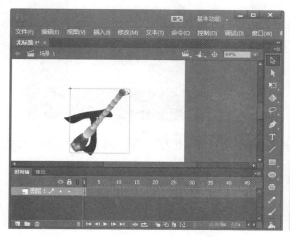 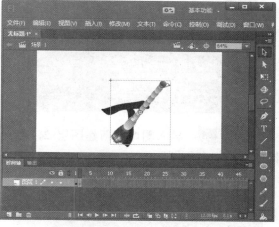

STEP 09：**擦除文字**。在第 3 帧处插入关键帧。继续用橡皮工具按照文字的书写顺序倒着清除，并将"毛笔"影片剪辑跟着移动，如左下图所示。

STEP 10：**擦除文字**。在第 4 帧处插入关键帧。继续用橡皮工具按照文字的书写顺序倒着清除，并将"毛笔"影片剪辑跟着移动，如右下图所示。

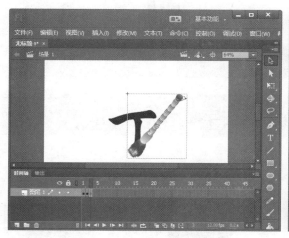 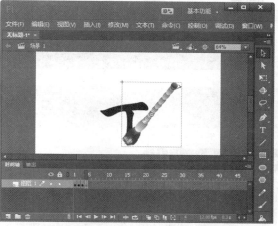

STEP 11：**擦除文字**。按照同样的办法，继续插入关键帧，用橡皮工具按照文字的书写顺序倒着清除，并将"毛笔"影片剪辑移动到清除的最后，如左下图所示。

STEP 12：**选择"翻转帧"命令**。选中时间轴上的所有关键帧，单击鼠标右键，在弹出的快捷菜单中选择"翻转帧"命令，如右下图所示。

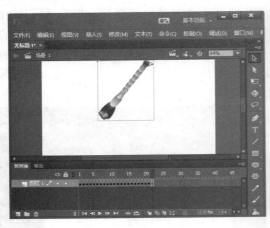 

STEP 13：**导入图像**。新建图层 2，将其拖动到图层 1 的下方，将一副背景图像导入到舞台上，如左下图所示。

STEP 14：**欣赏最终效果**。在图层 1 与图层 2 的第 70 帧处插入帧。保存文件，按下"Ctrl+Enter"组合键，欣赏本例的完成效果，如右下图所示。

 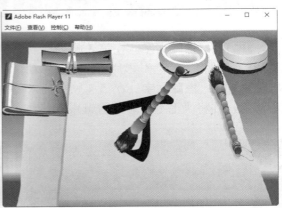

## 12.5　放大的文字

### ➡ 案例效果

| 素材文件：光盘\素材文件\第 12 章\实例 5 |
|---|
| 结果文件：光盘\结果文件\第 12 章\实例 5.fla |
| 教学文件：光盘\教学文件\第 12 章\无 |

# 第12章 文字特效动画

## ➡ 制作分析

本例难易度：★★★☆☆

| 关键提示： | 知识要点： |
|---|---|
| 本例主要制作文字放大的效果，通过本实例的学习，可以对文本创建传统补间动画的方法有更深一步的了解。 | ● 调整文字比例<br>● 创建传统补间 |

## ➡ 具体步骤

**STEP 01**：**设置文档**。新建一个 Flash 文档，执行"修改→文档"命令，打开"文档设置"对话框，在对话框中将"舞台大小"设置为 600 像素。完成后单击"确定"按钮，如左下图所示。

**STEP 02**：**导入到库**。执行"文件→导入→导入到库"命令，打开"导入到库"对话框，选择图片文件，如右下图所示。完成后单击"确定"按钮。

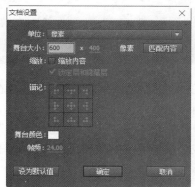 

**STEP 03**：**拖动素材**。打开"库"面板，将素材拖动到舞台中，如左下图所示。

**STEP 04**：**将图形转换为元件**。在舞台中确认选中素材，按下"F8"键，打开"转换为元件"对话框，输入"名称"为红心，将"类型"设置为图形，完成后单击"确定"按钮，如右下图所示。

**STEP 05**：**设置元件属性**。选择图层 1 的 135 帧，按下 "F5" 键插入帧。选中该图层的第 40 帧，按下 "F6" 键插入关键帧。选择图层 1 的第 1 帧并在舞台中选中元件，打开 "属性" 面板，将 "色彩效果" 选项组中的 "样式" 设置 Alpha，将 Alpha 值设置为 30，如左下图所示。

**STEP 06**：**设置元件属性**。选择该图层的第 40 帧，并选中元件，在 "属性" 面板中将 "样式" 设置为无，如右下图所示。

**STEP 07**：**创建传统补间**。在图层第 1～40 帧之间的任意帧位置单击鼠标右键，在弹出的快捷菜单中选择 "创建传统补间" 命令，如左下图所示。

**STEP 08**：**创建新元件**。新建图层 2，按下 "Ctrl+F8" 组合键打开 "创建新元件" 对话框，在 "名称" 中输入 L，将 "类型" 设置为图形，完成后单击 "确定" 按钮，如右下图所示。

**STEP 09**：**设置文本属性**。在工具箱中选择 "文本工具"，在舞台区中输入文本 L，选中输入的文字，在 "属性" 面板中将 "字体系列" 设置为 Bauhaus 93，"大小" 设置为 100，"颜色" 设置为白色，如左下图所示。

# 第 12 章 文字特效动画

STEP 10：**创建其他元件**。使用同样的方法新建名称为 I、F、E 的元件，并在相应的元件中输入与名称相符的文本，设置属性，在"库"面板中可以查看到新建的元件效果，如右下图所示。

STEP 11：**拖动元件到舞台**。将各元件创建完成后，返回场景 1 中，选择图层 2 的第 40 帧，按下"F6"键插入关键帧，在"库"面板中将 L 元件拖至舞台中，并调整元件的位置，如左下图所示。

STEP 12：**设置元件大小**。选中图层 2 的第 49 帧，按下"F6"键帧插入关键帧，按"Ctrl+T"组合键打开"变形"窗口，将元件的"缩放宽度"和"缩放高度"设置为 200%，如右下图所示。

STEP 13：**创建传统补间**。在该图层的第 40 帧到第 49 帧之间的任意位置右键单击，在弹出的快捷菜单中选择"创建传统补间"命令，如左下图所示。

STEP 14：**设置元件大小**。选择图层 2 的第 54 帧，插入关键帧，并按"Ctrl+T"组合键，打开"变形"面板，将元件"缩放宽度"和"缩放高度"设置为 100%，并在第 49～54 帧处创建传统补间动画，如右下图所示。

STEP 15：**拖动元件到舞台**。新建图层3，选择第40帧，插入关键帧，在"库"面板中将 I 元件拖动到舞台中，并放置在合适的位置，如左下图所示。

STEP 16：**设置元件大小**。在该图层的47帧和第57帧处插入关键帧，选中第57帧，在"变形"面板中将元件的"缩放宽度"和"缩放高度"设置为200%，如右下图所示。

STEP 17：**创建补间动画**。在该图层的第47~57帧之间创建传统补间，并在第63帧处插入关键帧，在"变形"面板中将元件缩小到100%，在第57~63帧处创建传统补间动画，如左下图所示。

STEP 18：**设置元件大小**。新建图层4，选择第40帧插入关键帧，将关键帧插入完成后，选择第65帧，在"变形"面板中将元件的"缩放宽度"和"缩放高度"设置为200%，如右下图所示。

# 第 12 章 文字特效动画

STEP 19：**创建补间动画**。在图层 4 中，在第 55～65 帧之间与第 65～70 帧之间分别创建传统补间动画，如左下图所示。

STEP 20：**拖动元件到舞台**。新建图层，使用上面相同的方法，插入关键帧，在"库"面板中将 E 元件拖入舞台中，并为该元件在该图层的第 63、73、78 帧处插入关键帧、添加传统补间，设置动画效果，如右下图所示。

STEP 21：**欣赏最终效果**。保存文件，按下"Ctrl+Enter"组合键，欣赏本例的完成效果，如下图所示。

# 第 13 章

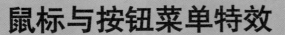

## 鼠标与按钮菜单特效

**本章导读**

鼠标与按钮菜单特效是 Flash 动画中应用很广泛的一种动画特效。本章介绍了 4 个综合特效实例。通过本章的学习，读者会对动画制作与 Action Script 的综合运用有进一步的认识。

**知识要点**

- ◆ 制作按钮动画
- ◆ 制作按钮切换图片效果
- ◆ 导航菜单动画
- ◆ 按钮切换背景颜色

**案例展示**

## 第13章　鼠标与按钮菜单特效

## 13.1　制作按钮动画

### ➡ 案例效果

| 素材文件：光盘\素材文件\第 13 章\实例 1 |
| --- |
| 结果文件：光盘\结果文件\第 13 章\实例 1.fla |
| 教学文件：光盘\教学文件\第 13 章\无 |

### ➡ 制作分析

本例难易度：★★★☆☆

| 关键提示： | 知识要点： |
| --- | --- |
| 本实例通过外部素材和各种元件来制作鼠标经过按钮的效果，主要讲解了制作按钮的方法。 | ● 创建元件<br>● 添加代码 |

### ➡ 具体步骤

STEP 01：**设置文档**。新建一个 Flash 文档，执行"修改→文档"命令，打开"文档设置"对话框，在对话框中将"舞台大小"设置为 378 像素（宽）×250 像素（高），如左下图所示。设置完成后单击"确定"按钮。

STEP 02：**导入图像**。执按下"Ctrl+F8"组合键，在打开的对话框中输入"名称"为"彩色图形"，然后单击"确定"按钮，如右下图所示。

 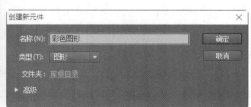

STEP 03：新建影片剪辑元件。按下"Ctrl+R"组合键，在弹出的"导入"对话框中选择素材文件"设置1.png"，然后单击"打开"按钮，如左下图所示。

STEP 04：导入图像。确认选中素材，在"属性"面板中将"宽"和"高"都设置为100，并在"对齐"面板中单击"水平中齐"和"垂直中齐"按钮，如右下图所示。

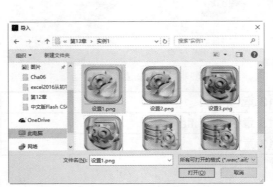

STEP 05：导入图像。选按下"Ctrl+F8"组合键，在弹出的对话框中将"名称"设置为"图标动画1"，将"类型"设置为"影片剪辑"，然后"单击"确定按钮，如左下图所示。

STEP 06：新建图层。在"库"面板中将"彩色图形"元件拖至舞台中，在"属性"面板中将"宽"和"高"均设置为90，并在"对齐"面板中单击"水平中齐"和"垂直中齐"按钮，如右下图所示。

STEP 07：添加代码。选择图层1的第5帧，按下"F6"键插入关键帧，在"属性"面板中将"宽"和"高"都设置为100，如左下图所示。

STEP 08：拖入影片剪辑元件。设置完成后，在图层1的两个关键帧之间创建传统补间动画，在"时间轴"面板中新建图层2，在第5帧处插入关键帧，然后按下"F9"键，在弹出的"动作"面板中输入代码"stop()"，如右下图所示。

第 13 章　鼠标与按钮菜单特效

STEP 09：添加代码。关闭面板，按下"Ctrl+F8"键，新建元件，输入名称为"渐变"，将"类型"设置为"图形"，单击"确定"按钮。在工具箱中选择"矩形工具"，在舞台中绘制一个"宽"和"高"都为130的矩形，如左下图所示。

STEP 10：欣赏最终效果。打开"颜色"面板，将"笔触颜色"设置为无，将"填充颜色"的"类型"设置为"线性渐变"，在下方将渐变条的色标颜色都设置为"黄色"，并在中间处色标的 A 设置为"90%"，右侧色标的 A 设置为"60%"，并调整色标的位置，如右下图所示。

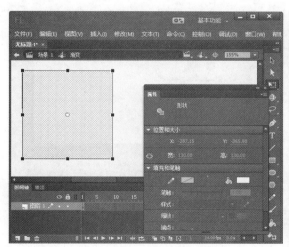

STEP 11：导入图像。确认选中绘制的矩形，按下"Ctrl+Shift+7"组合键旋转矩形，按"Ctrl+F8"组合键，在弹出的对话框中将"名称"设置为"按钮1"，将"类型"设置为"按钮"，设置完成后单击"确定"按钮，如左下图所示。

STEP 12：新建图层。按下"Ctrl+R"组合键，在打开的对话框中选择素材文件"设置2.png"，将图片导入。选中导入的素材文件，在"属性"面板中，将"宽"和"高"设置为100，如右下图所示。

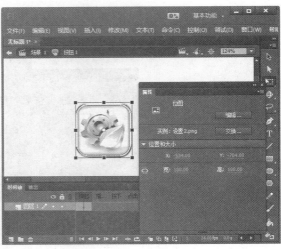

STEP 13：导入图像。按住"Alt"键向下拖动素材，复制该素材，然后选中复制的素材，执行"修改→变形→垂直翻转"命令，如左下图所示。

STEP 14：新建图层。在"库"面板中将"渐变"元件拖入舞台，并调整位置，如右下图所示。

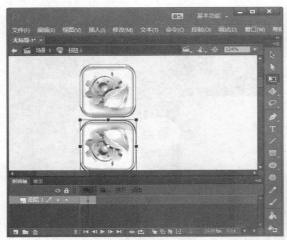
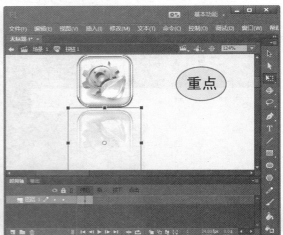

STEP 15：导入图像。在"指针经过帧"上插入关键帧，并在舞台中将所有对象删除，在"库"面板中将"图标动画1"元件拖动到舞台中，如左下图所示。

STEP 16：新建图层。使用同样的方法对该元件进行复制、翻转，然后拖入"渐变"元件，调整位置，如右下图所示。

# 第 13 章 鼠标与按钮菜单特效

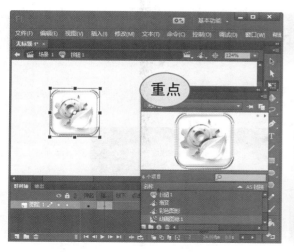 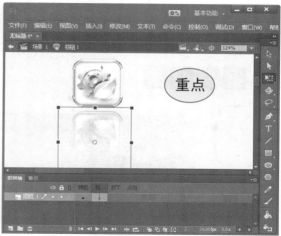

STEP 17：**导入图像**。选调整完成后，返回"场景 1"，在"库"面板中将"按钮 1"元件拖到舞台中，并调整该按钮元件的位置，如左下图所示。

STEP 18：**新建图层**。使用同样的方法制作其他按钮动画，制作完成后拖动到舞台中，如右下图所示。

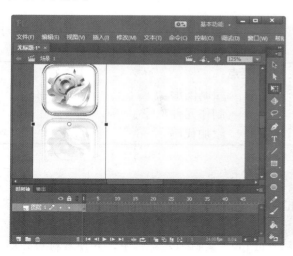 

STEP 19：**欣赏最终效果**。保存文件，按下"Ctrl+Enter"组合键，欣赏本例的完成效果，如下图所示。

## 13.2 制作按钮切换图片效果

➡ 案例效果

|  | 素材文件：光盘\素材文件\第 13 章\实例 2 |
| | 结果文件：光盘\结果文件\第 13 章\实例 2.fla |
| | 教学文件：光盘\教学文件\第 13 章\无 |

➡ 制作分析

本例难易度：★★★☆☆

关键提示：

　　本案例主要使用按钮元件和代码来制作按钮切换图片效果。

知识要点：
- 绘制图形
- 制作元件
- 添加代码

➡ 具体步骤

　　STEP 01：**导入素材文件**。新建一个 Flash 文档。按下"Ctrl+O"组合键，在打开的对话框中选择"切换效果.fla"，如左下图所示。

　　STEP 02：**拖入素材**。打开"库"面板，将"r1.jpg"素材拖入舞台中，并使素材对齐舞台，如右下图所示。

## 第 13 章 鼠标与按钮菜单特效

**STEP 03**：**拖入素材**。在第 2 帧插入空白关键帧，在"库"面板中将"r2.jpg"素材拖入舞台中，如左下图所示。

**STEP 04**：**拖入素材**。在使用相同的方法在第 3、4 帧插入空白关键帧，并在不同的关键帧处拖入不同的素材，如右下图所示。

**STEP 05**：**绘制矩形**。新建图层 2，在工具箱中选择"矩形工具" ，在舞台中绘制与舞台大小相仿的矩形。打开"属性"面板，设置"笔触颜色"为白色，设置"填充颜色"为无，将"笔触"设置为 10，将"接合"设置为尖角，如左下图所示。

**STEP 06**：**设置元件属性**。新建图层 3，按下"Ctrl+F8"组合键，在打开的对话框中，输入"名称"为按钮 1，将"类型"设置为按钮，然后单击"确定"按钮。打开"库"面板，将"02"元件拖至舞台中，并对齐舞台中心，在"属性"面板中将样式设置为"Alpha"，将"Alpha"值设置为 30%，如右下图所示。

**STEP 07**：**插入关键帧**。在图层 1 的"指针经过"帧处插入关键帧，在舞台中选中元件，打开"属性"面板，将"样式"设置为无，如左下图所示。

**STEP 08**：**设置帧属性**。使用同样的方法新建按钮元件，将"01"元件拖入舞台中，使用同样的方法,设置"指针经过"帧的属性,如右下图所示。

 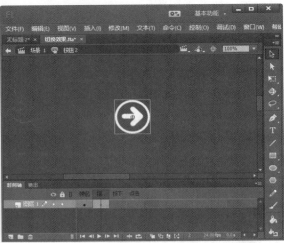

STEP 09:拖入元件。返回场景1,在"库"面板中将创建的按钮元件拖入舞台中,并调整位置和大小,如左下图所示。

STEP 10:更改实例名称。选中舞台左侧的按钮元件,打开"属性"面板,将"实例名称"设置为btn1,如右下图所示。

STEP 11:更改实例名称。选中舞台右侧的按钮元件,打开"属性"面板,将"实例名称"设置为btn,如左下图所示。

STEP 12:输入代码。新建图层4,在时间轴面板中选中图层4,按下"F9"键,在打开的"动作"面板中输入以下代码,如右下图所示。

```
stop();
btn.addEventListener(MouseEvent.CLICK,onClick)
    function onClick(me:MouseEvent){

    if(currentFrame==4){
```

```
        gotoAndPlay(1);
    }
    else{
        nextFrame();
        stop();
    }

}

btn1.addEventListener(MouseEvent.CLICK,onClick1)
    function onClick1(me:MouseEvent){

if(currentFrame==1){
        gotoAndPlay(4);
    stop();
    }
    else{
        prevFrame();
        stop();
    }

}
```

**STEP 13**：**欣赏最终效果**。输入完成后关闭动作面板，然后保存文件，按下"Ctrl+Enter"组合键，欣赏本例的完成效果，如下图所示。

## 13.3 导航菜单动画

➡ 案例效果

素材文件：光盘\素材文件\第 13 章\实例 3
结果文件：光盘\结果文件\第 13 章\实例 3.fla
教学文件：光盘\教学文件\第 13 章\无

➡ 制作分析

本例难易度：★★★☆☆

| 关键提示： | 知识要点： |
|---|---|
| 本实例通过使用元件并设置属性，来制作导航动画效果。 | ● 制作元件<br>● 设置元件属性 |

## 第 13 章 鼠标与按钮菜单特效

### 具体步骤

**STEP 01**：设置文档。新建一个 Flash 文档，执行"修改→文档"命令，打开"文档设置"对话框，在对话框中将"舞台大小"设置为 550 像素（宽）×280 像素（高），如左下图所示。完成后单击"确定"按钮。

**STEP 02**：导入背景。执行"文件→导入→导入到舞台"命令，将一幅背景图片导入到舞台上，如右下图所示。

**STEP 03**：绘制蓝底。选按下"Ctrl+F8"组合键，在打开的对话框中，输入"名称"为"蓝底"，将"类型"设置为"图形"，然后单击"确定"按钮。使用"矩形工具"绘制矩形，然后选中绘制的矩形，在"属性"面板中将"宽"设置为"117"，"高"设置为"56"，将"笔触颜色"设置为"无"，将"填充颜色"设置为"蓝色"，如左下图所示。

**STEP 04**：绘制白色遮罩。按下"Ctrl+F8"组合键，在打开的对话框中输入"名称"为"白色遮罩"，将"类型"设置为"图形"，然后单击"确定"按钮。使用"矩形工具"绘制矩形，选中绘制的矩形，在"属性"面板中将"宽"设置为"121"，"高"设置为"58"，将"笔触颜色"设置为"无"，将"填充颜色"设置为"白色"，如右下图所示。

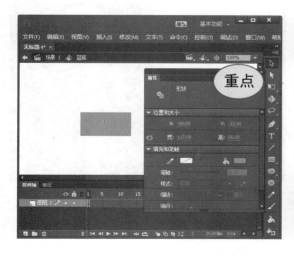
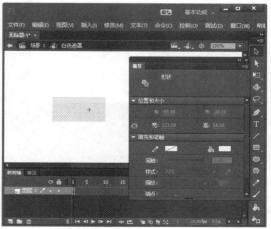

STEP 05：创建文字元件。再次按下"Ctrl+F8"组合键，在打开的"创建新元件"对话框中，输入"名称"为"文字 1"，将"类型"设置为"图形"，然后单击"确定"按钮。使用"文本工具" T 输入文字，选中输入的文字，在"属性"面板中将"系列"设置为"方正隶书简体"，将"大小"设置为"25"，将"颜色"设置为"白色"，如左下图所示。

STEP 06：创建按钮元件。再次按下"Ctrl+F8"组合键，在打开的"创建新元件"对话框中，输入"名称"为"按钮 1"，将"类型"设置为"按钮"，然后单击"确定"按钮。在"库"面板中，将"蓝底"元件拖动到舞台中，并调整位置，如右下图所示。

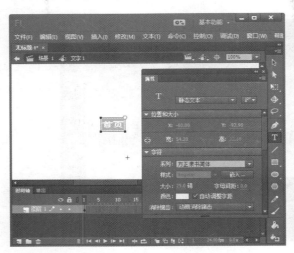 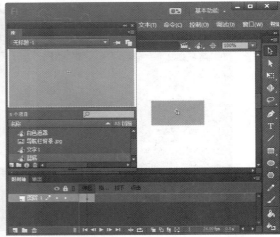

STEP 07：设置遮罩。在"指针经过"帧处插入关键帧，然后新建图层 2，在"指针经过"帧处插入关键帧，在"库"面板中将"白色遮罩"元件拖至舞台，在舞台中调整位置，如左下图所示。

STEP 08：设置 Alpha 值。选中该元件，在"属性"面板中将样式设置为"Alpha"，将"Alpha"值设置为"50%"，如左下图所示。

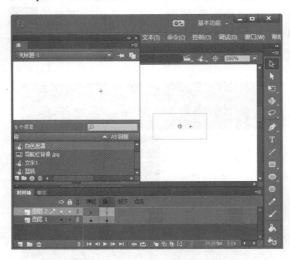 

STEP 09：拖动文字元件。新建图层 3，然后在"库"面板中将"文字 1"元件拖到舞台中，并调整位置，如左下图所示。

STEP 10：**调整文字元件大小**。在图层3的"指针经过"帧处插入关键帧，然后调整文字元件的大小，如右下图所示。

 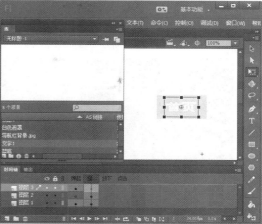

STEP 11：**拖动按钮元件**。调整完成后返回"场景1"，在"库"面板中将"按钮1"元件拖到舞台中，并调整位置和大小，如左下图所示。

STEP 12：**创建其他按钮元件**。使用相同的方法创建其他按钮元件，并拖动舞台中，如右下图所示。

STEP 13：**欣赏最终效果**。保存文件，按下"Ctrl+Enter"组合键，欣赏本例的完成效果，如下图所示。

## 13.4 按钮切换背景颜色

➡ 案例效果

| 素材文件：光盘\素材文件\第 13 章\实例 4 |
| 结果文件：光盘\结果文件\第 13 章\实例 4.fla |
| 教学文件：光盘\教学文件\第 13 章\无 |

➡ 制作分析

本例难易度：★★☆☆☆

| 关键提示： | 知识要点： |
|---|---|
| 本案例通过制作按钮元件来切换背景颜色动画。制作完成后，单击颜色按钮，即可切换图片的背景 | ● 创建元件<br>● 制作按钮元件<br>● 添加 AS 代码 |

➡ 具体步骤

**STEP 01**：设置文档。新建一个 Flash 文档，执行"修改→文档"命令，打开"文档设置"对话框，在对话框中将"舞台大小"设置为 300 像素（宽）×457 像素（高），如左下图所示。完成后单击"确定"按钮。

**STEP 02**：绘制红色矩形。执使用"矩形工具"  在舞台中绘制"宽"为"300"，"高"为"457"的矩形，然后选择绘制的矩形，在"颜色"面板中将"颜色"类型设置为"径向渐变"，将左侧色块的颜色设置为"浅红色"，将右侧色块的颜色设置为"深红色"，将"笔触颜色"设置为"无",如右下图所示。

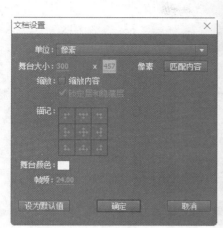
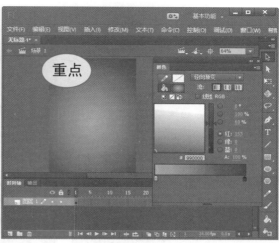

STEP 03：**制作蓝色矩形**。选中绘制的矩形,按下"Ctrl+C"组合键进行复制,选择图层 1 的第 2 帧,按"F7"键插入空白关键帧,并按下"Ctrl+Shift+V"组合键进行粘贴,然后选择复制后的矩形,在"颜色"面板中将左侧色块的颜色设置为"浅蓝色",将右侧色块的颜色设置为"深蓝色",如左下图所示。

STEP 04：**制作绿色矩形**。选择第 3 帧,按下"F7"键插入空白关键帧,并按下"Ctrl+Shift+V"组合键进行粘贴,然后选择复制后的矩形,在"颜色"面板中将左侧色块的颜色设置为"浅绿色",将右侧色块的颜色设置为"深绿色",如右下图所示。

STEP 05：**转换为元件**。选择第 1 帧上的矩形,按下"F8"键,弹出"转换为元件"对话框,设置"名称"为"红色矩形",将"类型"设置为"图形",然后单击"确定"按钮,如左下图所示。

STEP 06：**转换为元件**。使用同样的方法,将第 2 帧和第 3 帧的矩形分别转换为"蓝色矩形"和"绿色矩形"图形元件,如右下图所示。

**STEP 07**:**创建新元件**。按下"Ctrl+F8"组合键,弹出"创建新元件"对话框,输入"名称"为"红色按钮",将"类型"设置为"按钮",然后单击"确定"按钮,如左下图所示。

**STEP 08**:**绘制按钮元件**。在"库"面板中将"红色矩形"图形元件拖到舞台中,并在"属性"面板中取消宽度值和高度值的锁定,将"红色矩形"图形元件的"宽"设置为"70","高"设置为"28",如右下图所示。

**STEP 09**:**绘制矩形**。选择"指针经过"帧,插入关键帧,在工具箱中选择"矩形工具",在舞台中绘制"宽"为"70","高"为"28"的矩形。选择矩形,在"属性"面板中将"填充颜色"设置为"白色",并将填充颜色的"Alpha"值设置为"30%",将"笔触颜色"设置为"无",如左下图所示。

# 第 13 章 鼠标与按钮菜单特效

STEP 10：**制作其他按钮元件**。使用相同的方法，制作"蓝色按钮"和"绿色按钮"按钮元件，如右下图所示。

STEP 11：**导入图片**。返回场景 1，新建图层 2，执行"文件→导入→导入到舞台"命令，将图片导入到舞台上，如左下图所示。

STEP 12：**将图片转换为元件**。确认素材图片处于选中状态，按下"F8"键，弹出"转换为元件"对话框，输入"名称"为"圣诞树"，将"类型"设置为"影片剪辑"，然后单击"确定"按钮，如右下图所示。

STEP 13：**设置图片属性**。在"属性"面板的"显示"选项组中，将"混合"设置为"滤色"，如左下图所示。

STEP 14：**绘制矩形**。新建图层 3，在工具箱中选择"矩形工具" ，在"属性"面板中将"填充颜色"设置为"白色"，并确认填充颜色的"Alpha"值为"100%"，将"笔触颜色"设置为"无"，然后在舞台中绘制一个"宽"为 80，"高"为 100 的矩形，如右下图所示。

241

STEP 15：**更改实例名称**。新建图层 4，在"库"面板中将"红色按钮"元件拖到舞台中，并调整其位置，然后在"属性"面板中输入"实例名称"为"R"，如左下图所示。

STEP 16：**更改实例名称**。使用相同的方法，将"绿色按钮"元件和"蓝色按钮"元件拖到舞台中，并在"属性"面板中将"实例名称"分别设置为"R"和"G"，如右下图所示。

STEP 17：**输入代码**。新建图层 5，按"F9"键打开"动作"面板，在该面板中输入如下代码，然后关闭该面板，如左下图所示。

```
stop();
R.addEventListener(MouseEvent.CLICK,tz1);
function tz1(e:MouseEvent):void {
gotoAndPlay(1);
    stop();
}

G.addEventListener(MouseEvent.CLICK,tz2);
```

```
function tz2(e:MouseEvent):void {
gotoAndPlay(3);
    stop();
}



B.addEventListener(MouseEvent.CLICK,tz3);
function tz3(e:MouseEvent):void {
gotoAndPlay(2);
    stop();
}
```

STEP 18：**欣赏最终效果**。保存文件，按下"Ctrl+Enter"组合键，欣赏本例的完成效果，如右下图所示。

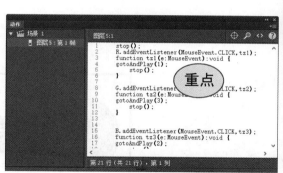

# 第 14 章
## 遮罩特效动画

### 本章导读

遮罩动画是 Flash 中常用的一种技巧，遮罩项目可以是填充的形状、文件对象、图形原件的实例或影片剪辑等。本章介绍多个遮罩动画特效实例。

### 知识要点

- ◆ 奔跑的小汽车
- ◆ 生长的大树
- ◆ 制作遮罩文字动画
- ◆ 制作多屏幕视频
- ◆ 散点遮罩动画

### 案例展示

# 第 14 章　遮罩特效动画

## 14.1　奔跑的小汽车

### ➡ 案例效果

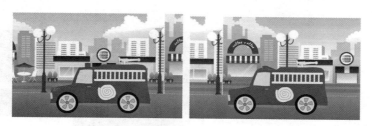

| 素材文件：光盘\素材文件\第 14 章\实例 1 |
| 结果文件：光盘\结果文件\第 14 章\实例 1.fla |
| 教学文件：光盘\教学文件\第 14 章\无 |

### ➡ 制作分析

本例难易度：★★★☆☆

| 关键提示： | 知识要点： |
|---|---|
| 本实例将介绍如何利用遮罩层制作卡通汽车动画，其中主要应用了传统补间动画和遮罩层。 | ● 创建元件<br>● 制作遮罩层 |

### ➡ 具体步骤

**STEP 01**：设置文档。新建一个 Flash 空白文档，执行"修改→文档"命令，打开"文档设置"对话框，在对话框中将"舞台大小"设置为 1024 像素（宽），如左下图所示。设置完成后单击"确定"按钮。

**STEP 02**：导入到库。执行"插入→导入→导入到库"命令，将素材图片导入，如右下图所示。

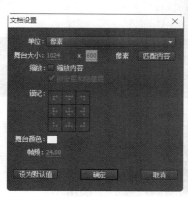 

245

STEP 03：创建新元件。使按下"Ctrl+F8"键，弹出"创建新元件"对话框，设置"名称"为"风景动画"，将"类型"设置为"影片剪辑"，然后单击"确定"按钮，如左下图所示。

STEP 04：对齐元件。进入元件，将图4拖入舞台中，在"对齐"面板中单击"水平中齐" 和"垂直中齐" 按钮，使其与舞台对齐，如右下图所示。

STEP 05：拖入图片。选择图层1的第100帧，按下"F5"键插入帧，然后新建图层2，选择第1帧，在"库"面板中将"图1"拖入到舞台中，如左下图所示。

STEP 06：复制图片。选择图1，进入四次复制，将复制的图形对象进行对齐排列，如右下图所示。

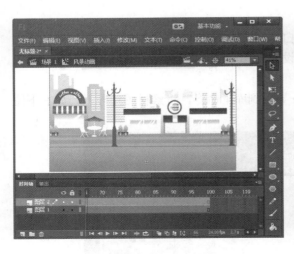

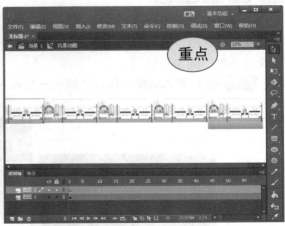

STEP 07：组合图片。选择所有的图4文件，按下"Ctrl+G"组合键，将背景进行组合，调整位置，使其第一个背景与道路对齐，如左下图所示。

STEP 08：插入关键帧。在图层2的第100帧插入关键帧，调整背景的位置，使其水平向右移动，并在第1帧到第100帧位置创建传统补间动画，如右下图所示。

# 第14章 遮罩特效动画

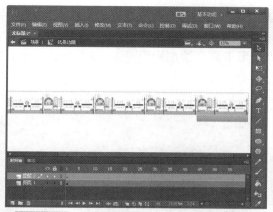 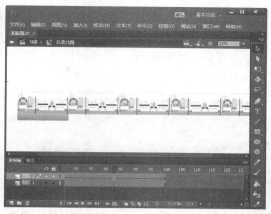

STEP 09：**创建新元件**。按下"Ctrl+F8"组合键，弹出"创建新元件"对话框，将"名称"设置为"轮子动画"，将"类型"设置为"影片剪辑"，然后单击"确定"按钮，如左下图所示。

STEP 10：**对齐图片**。在"库"面板中将轮子对象拖入到舞台中，打开"对齐"面板，在"对齐"面板中单击"水平中齐" 和"垂直中齐" 按钮，使其与舞台对齐，如右下图所示。

STEP 11：**转换图片**。按下"F8"键，将轮子对象转换为图形元件，在工具箱中选择"任意变形工具" ，将图形的中心点调整到车轮的中心位置，如左下图所示。

STEP 12：**设置旋转值**。在第10帧插入关键帧，打开"变形"面板，将"旋转"值设置为"-120"，并在第1帧到第10帧之间创建传统补间动画，如右下图所示。

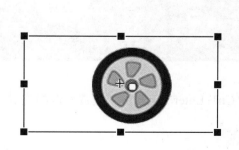 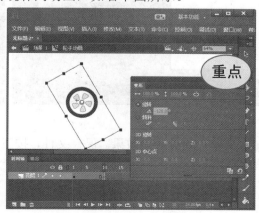

STEP 13：拖入图片。返回"场景1"，打开"库"面板，将"风景动画"拖入到舞台中，使第一个对象与舞台对齐，如左下图所示。

STEP 14：绘制矩形。新建图层2，使用"矩形工具"绘制矩形■，使其覆盖舞台，如右下图所示。

STEP 15：设置遮罩层。选择图层2，然后单击鼠标右键，在弹出的快捷菜单中选择"遮罩层"命令，如左下图所示。

STEP 16：拖入元件。对图层2进行隐藏，新建图层3，在"库"面板中将"图2"和"轮子动画"元件拖入到舞台中，并调整位置和大小，如右下图所示。

STEP 17：欣赏最终效果。保存文件，按下"Ctrl+Enter"组合键，欣赏本例的完成效果，如下图所示。

第 14 章 遮罩特效动画

## 14.2 生长的大树

### ➡ 案例效果

| 素材文件：光盘\素材文件\第 14 章\实例 2 |
|---|
| 结果文件：光盘\结果文件\第 14 章\实例 2.fla |
| 教学文件：光盘\教学文件\第 14 章\无 |

### ➡ 制作分析

本例难易度：★★★☆☆

| 关键提示： | 知识要点： |
|---|---|
| 本实例主要是使用刷子工具对图层逐帧进行涂抹，然后将图层转换为遮罩层，最后将影片剪辑添加到场景舞台中。 | ● 创建元件<br>● 使用刷子工具<br>● 添加 AS 代码 |

### ➡ 具体步骤

**STEP 01**：**打开文件**。启动 Flash CC 软件，打开"生长的大树.fla"文件，如左下图所示。

**STEP 02**：**创建新元件**。按下"Ctrl+F8"组合键，在弹出的"创建新元件"对话框中，将"名称"设置为"树木生长"，将"类型"设置为"影片剪辑"，然后单击"确定"按钮，如右下图所示。

249

STEP 03：拖入素材。在"库"面板中将"树木.png"素材图片拖入舞台，在"变形"面板中，将"缩放宽度"设置为 53.7%，将"缩放高度"设置为 58.1%，然后将其调整至舞台中央，如左下图所示。

STEP 04：锁定图层。在第 30 帧处，按下"F5"键插入帧，将图层 1 锁定，然后新建图层 2，如右下图所示。

STEP 05：使用刷子工具。在工具栏中选择"刷子工具"，将"填充颜色"设置为任意颜色，并适当调整刷子大小和刷子类型，然后对图片进行涂抹，如左下图所示。

STEP 06：使用刷子工具。选择第 2 帧，按下"F6"键插入关键帧，对图片继续进行涂抹，如右下图所示。

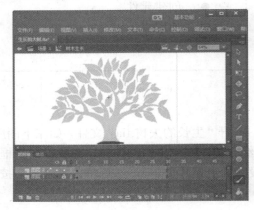
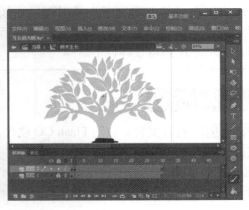

STEP 07：**涂抹完成**。使用相同的方法插入关键帧，并对图片进行适当涂抹，插入第 30 帧后的效果如左下图所示。

STEP 08：**设置遮罩层**。在图层 2 上单击鼠标右键，在弹出的快捷菜单中选择"遮罩层"命令，将图层 2 转换为遮罩层，如右下图所示。

STEP 09：**输入代码**。新建图层 3，在第 30 帧处插入关键帧，按下"F9"键打开"动作"面板，输入如下代码。如左下图所示。

```
stop();
```

STEP 10：**拖入元件**。关闭"动作"面板，返回"场景 1"，新建图层 2，将"库"面板中"树木生长"影片剪辑元件拖入舞台中，在"变形"面板中将"缩放宽度"和"缩放高度"设置为 150%，然后调整其位置，如右下图所示。

STEP 11：**欣赏最终效果**。保存文件，按下"Ctrl+Enter"组合键，欣赏本例的完成效果，如下图所示。

## 14.3 制作遮罩文字动画

### 案例效果

| 素材文件：光盘\素材文件\第 14 章\实例 3 |
| --- |
| 结果文件：光盘\结果文件\第 14 章\实例 3.fla |
| 教学文件：光盘\教学文件\第 14 章\无 |

### 制作分析

本例难易度：★★★☆☆

**关键提示：**

本例首先制作图片旋转和矩形展开动画，然后制作文字遮罩的影片剪辑元件，最后将影片剪辑元件添加到舞台中。

**知识要点：**

- 创建影片剪辑元件
- 添加遮罩层

### 具体步骤

**STEP 01**：**设置文档**。新建一个 Flash 文档，执行"修改→文档"命令，打开"文档设置"对话框，在对话框中将"舞台大小"设置为 600 像素（宽）×400 像素（高），如左下图所示。完成后单击"确定"按钮。

**STEP 02**：**设置矩形工具属性**。选择"矩形工具" ，在"属性"面板中将"笔触颜色"设置为#990000，将"填充颜色"设置为#FFFFFF，将"笔触"设置为 15，如右下图所示。

STEP 03：**绘制矩形**。在舞台中绘制任意大小的矩形，然后使用选择工具选择绘制的矩形，在"对齐"面板中，单击"匹配大小"中的匹配宽和高按钮，然后单击"对齐"面板中的"水平中齐"按钮和"垂直中齐"按钮，如左下图所示。

STEP 04：**锁定图层**。在图层1的第145帧处插入帧，然后将图层1锁定，如右下图所示。

STEP 05：**导入图像到库**。执行"文件→导入→导入到库"命令，将素材导入到"库"中，如左下图所示。

STEP 06：**设置像大小**。新建图层2，并选中第1帧，将"库"面板中的图1拖入到舞台中，在"变形"面板中，将"缩放宽度"和"缩放高度"都设置为60%，如右下图所示。

STEP 07：转换图形为元件。选中图1，按下"F8"键，在弹出的"转换为元件"对话框中，将"名称"设置为"旋转图片"，将"类型"设置为"影片剪辑"，然后单击"确定"按钮，如左下图所示。

STEP 08：设置旋转值。在舞台中双击"旋转图片"影片剪辑元件，进入影片剪辑模式，在第30帧处插入关键帧，在"变形"面板中将"旋转"设置为"180°"，如右下图所示。

STEP 09：插入关键帧。在第60帧处插入关键帧，在"变形"面板中，将"旋转"设置为"-0.1"，如左下图所示。

STEP 10：创建传统补间动画。在关键帧之间创建传统补间动画，如右下图所示。

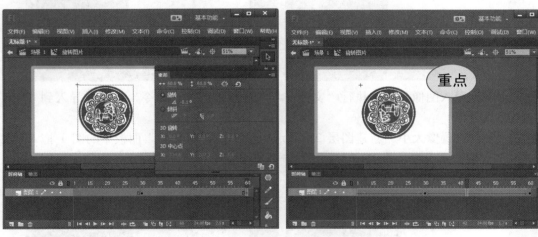

STEP 11：输入代码。新建图层2，在第60帧处插入关键帧，然后按下"F9"键打开"动作"面板，输入以下代码，如左下图所示。

```
stop();
```

STEP 12：调整元件位置。关闭"动作"面板，返回场景1，调整旋转图片影片剪辑元件的位置，如右下图所示。

## 第 14 章 遮罩特效动画

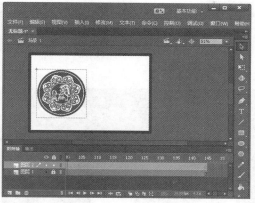

STEP 13：**绘制矩形**。新建图层 3，在 60 帧处插入关键帧，在工具箱中选择"矩形工具"，在"属性"面板中将"笔触颜色"设置为无，将"填充颜色"设置为#990000，在舞台中绘制一个宽为 20，高为 122 的矩形，然后调整其位置，如左下图所示。

STEP 14：**转换为元件**。选中绘制的矩形，按下"F8"键，在弹出的"转换为元件"对话框中，设置名称为"矩形"，"类型"为"图形"，然后单击"确定"按钮，如右下图所示。

STEP 15：**设置色调**。使用"任意变形"工具，将矩形的中心点移动到左侧边上，如左下图所示。

STEP 16：**插入关键帧**。在第 90 帧处插入关键帧，然后调整矩形的宽度，如右下图所示。

255

STEP 17：**创建传统补间**。在图层 3 的关键帧之间单击鼠标右键，在弹出的快捷菜单中选择"创建传统补间"命令，如左下图所示。

STEP 18：**移动图层**。在"时间轴"面板中，将图层 3 移动至图层 2 的下方，如右下图所示。

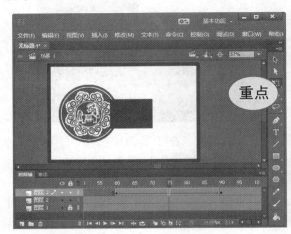 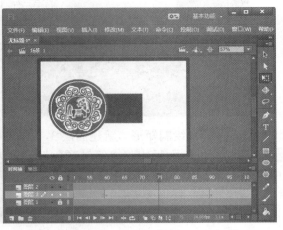

STEP 19：**创建新元件**。按下"Ctrl+F8"组合键，在弹出的"创建新元件"对话框中，将"名称"设置为"文字"，将"类型"设置为"影片剪辑"，然后单击"确定"按钮，如左下图所示。

STEP 20：**设置图片大小**。将舞台颜色更改为除白色以外的任意颜色，在"库"面板中将"白字.png"添加到舞台中央，在"变形"面板中，将"缩放宽度"设置为150%，将"缩放高度"设置为 70%，如右下图所示。

STEP 21：**绘制矩形**。在 55 帧处插入关键帧，然后新建图层 2，并在第 1 帧处绘制一个"宽"为"66"，"高"为"410"的矩形，然后调整其位置，如左下图所示。

STEP 22：**转换为元件**。选中绘制的矩形，按下"F8"键，在弹出的"转换为元件"对话框中将"名称"设置为"遮罩矩形"，将"类型"设置为"图形"，然后单击"确定"按钮，如右下图所示。

第 14 章 遮罩特效动画

STEP 23：**移动图形元件**。在 15 帧处插入关键帧，然后将"遮罩矩形"图形元件水平移动至文字的右端，如左下图所示。

STEP 24：**移动图形元件**。在第 30 帧处插入关键帧，然后将"遮罩矩形"图形元件水平移动到文字的左侧，然后使用"任意变形工具"将矩形的中心点移动到左侧边上，如右下图所示。

STEP 25：**调整矩形宽度**。在第 55 帧处插入关键帧，然后调整矩形的宽度，将文字遮挡住，如左下图所示。

STEP 26：**创建传统补间**。在关键帧之间单击鼠标右键，在弹出的快捷菜中选择"创建传统补间"命令，创建传统补间动画，如右下图所示。

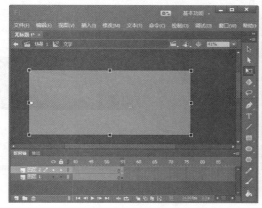

257

STEP 27：输入代码。右键单击图层 2，在弹出的快捷菜单中选择"遮罩层"命令，将图层 2 转换为遮罩层，然后创建图层 3，在第 55 帧处插入关键帧，按下"F9"键打开"动作"面板，输入如下代码，如左下图所示。

```
stop();
```

STEP 28：设置文字大小。关闭"动作"面板，返回"场景 1"，新建图层 4，在第 90 帧处插入关键帧，然后将"库"面板中的"文字影片"剪辑元件添加到舞台中，在"变形"面板中将"缩放宽度"和"缩放高度"都设置为"30%"，然后调整其位置，如右下图所示。

STEP 29：输入代码。新建图层 5，在第 145 帧处插入关键帧，按下"F9"键打开"动作"面板，输入如下代码，然后关闭"动作"面板，如左下图所示。

```
stop();
```

STEP 30：欣赏最终效果。保存文件，按下"Ctrl+Enter"组合键，欣赏本例的完成效果，如右下图所示。

## 14.4 制作多屏幕视频

➡ 案例效果

| 素材文件：光盘\素材文件\第 14 章\实例 4 |
| 结果文件：光盘\结果文件\第 14 章\实例 4.fla |
| 教学文件：光盘\教学文件\第 14 章\无 |

➡ 制作分析

本例难易度：★★☆☆☆

| 关键提示： | 知识要点： |
| --- | --- |
| 本案例使用遮罩层制作电视多屏幕动画，主要应用了遮罩层对视频进行遮罩，使其呈现多个电视屏幕。 | ● 创建新元件<br>● 绘制矩形<br>● 导入视频 |

➡ 具体步骤

STEP 01：**设置文档**。新建一个 Flash 文档，执行"修改→文档"命令，打开"文档设置"对话框，在对话框中将"舞台大小"设置为 916 像素，如左下图所示。完成后单击"确定"按钮。

STEP 02：**创建新元件**。按下"Ctrl+F8"组合键，弹出"创建新元件"对话框，"名称"设置为"电视遮罩"，设置"类型"为"图形"，然后单击"确定"按钮，如右下图所示。

STEP 03：**绘制矩形**。在工具箱中选择"矩形工具"，在舞台中绘制矩形，打开"属性"面板，将"宽"和"高"分别设置为151.25和100，将"笔触"设置为无，如左下图所示。

STEP 04：**复制矩形**。选择矩形，复制8次，并调整矩形的位置，在中间留下一定的空隙，如右下图所示。

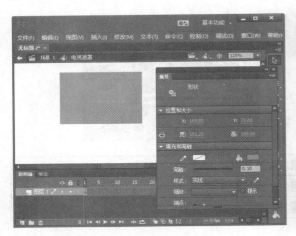
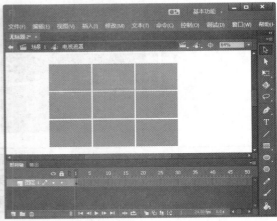

STEP 05：**导入背景图片**。返回场景1，导入背景图片，并将背景图片与舞台对齐，如左下图所示。

STEP 06：**导入视频**。新建图层2，执行"文件→导入→导入视频"命令，弹出导入视频对话框，分别选择"在您计算机上"和"在SWF中FLV并在时间轴播放"单选按钮，然后单击"文件"路径右侧的"浏览"按钮，选择视频文件后单击"打开"按钮，如右下图所示。

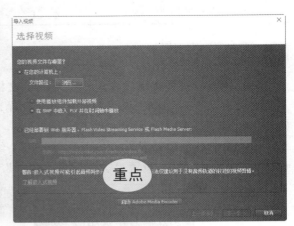

STEP 07：**设置符号类型**。返回"导入视频"对话框，单击"下一步"按钮，进入"嵌入"界面，将"符号类型"设置为"影片剪辑"，然后单击"下一步"按钮，如左下图所示。

STEP 08：**调整视频大小**。进入"完成视频"导入界面，单击"完成"按钮即可导入视频。返回舞台中，调整视频的大小，如右下图所示。

第14章 遮罩特效动画

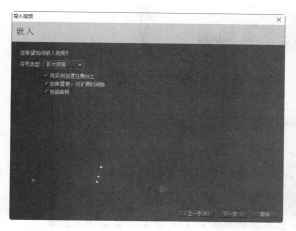 

STEP 09：**拖入电视遮罩元件**。新建图层 3，打开"库"面板，将"电视遮罩"元件拖入到舞台中，并调整大小，使其覆盖屏幕部分，如左下图所示。

STEP 10：**设置遮罩层**。在"时间轴"面板中选择图层 3，然后单击鼠标右键，在弹出的快捷菜单中选择"遮罩层"命令，如右下图所示。

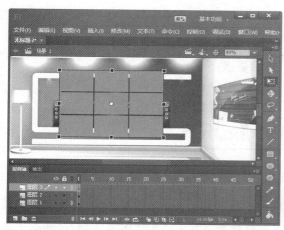 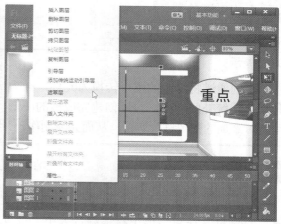

STEP 11：**欣赏最终效果**。保存文件，按下"Ctrl+Enter"组合键，欣赏本例的完成效果，如下图所示。

## 14.5 散点遮罩动画

### 案例效果

| 素材文件：光盘\素材文件\第 14 章\实例 5 |
|---|
| 结果文件：光盘\结果文件\第 14 章\实例 5.fla |
| 教学文件：光盘\教学文件\第 14 章\无 |

### 制作分析

本例难易度：★★★☆☆

| 关键提示： | 知识要点： |
|---|---|
| 本例通过将绘制的图形转换为元件，并为其添加传统补间动画，再用创建完成后的图形动画对添加的图像进行遮罩，从而完成制作。 | ● 创建图形元件<br>● 添加补间动画<br>● 设置遮罩 |

### 具体步骤

STEP 01：**设置文档**。新建一个 Flash 文档，执行"修改→文档"命令，打开"文档设置"对话框，在对话框中将"舞台大小"设置为 600 像素（宽）×450 像素（高），如左下图所示。完成后单击"确定"按钮。

STEP 02：**导入图片**。执行"文件→导入→导入到库"命令，将"图1"、"图2"导入到库，如右下图所示。

## 第14章 遮罩特效动画

STEP 03：**对齐图片**。将图1从"库"中拖到舞台中，确认选中素材，在工具箱中打开"对齐"面板，在该面板中勾选"与舞台对齐"选项，然后单击"水平中齐"、"垂直中齐"和"匹配宽和高"按钮，如左下图所示。

STEP 04：**新建图层**。选择图层1的第65帧，按下"F5"键插入帧，然后新建图层2，将"图2"拖到舞台中，并使用同样的方法调整位置，如右下图所示。

STEP 05：**创建新元件**。按下"F8"键打开"创建新元件"对话框，将"名称"设置为"菱形"，将"类型"设置为"影片剪辑"，设置完成后单击"确定"按钮，如左下图所示。

STEP 06：**设置多角星形工具**。选择"多角星形工具"，打开"属性"面板，随意设置"笔触颜色"与"填充颜色"，将"笔触"设置为1，然后单击"选项"按钮，在打开的对话框中将"边数"设置为"4"，如右下图所示。

STEP 07：**绘制菱形**。在舞台中绘制一个菱形，使用选择工具选中绘制的图形，在"属性"面板中将"宽"和"高"设置为"10"，然后将菱形调整至舞台中心位置，如左下图所示。

STEP 08：**设置菱形属性**。选择第10帧，按下"F6"键插入关键帧，然后选择第55帧，按下"F6"键插入关键帧，选中菱形，在"属性"面板中将"宽"和"高"设置为"110"，然后将菱形调整至舞台中心位置，如右下图所示。

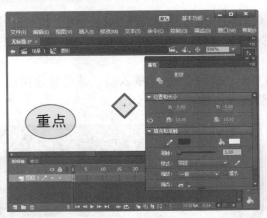 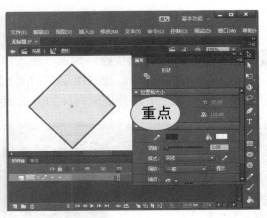

STEP 09：**创建补间形状**。在图层 1 的第 10 帧和第 55 帧之间的任意帧位置单击鼠标右键，在弹出的快捷菜单中选择"创建补间形状"命令，如左下图所示。

STEP 10：**创建新元件**。在 65 帧处插入帧，按下"Ctrl+F8"组合键，在打开的"创建新元件"对话框中，设置"名称"为"多个菱形"，设置"类型"为"影片剪辑"，设置完成后单击"确定"按钮，如右下图所示。

STEP 11：**拖动菱形元件**。打开"库"面板，在该面板中将"菱形"元件拖曳到舞台中，并将图形调整至合适的位置，如左下图所示。

STEP 12：**复制菱形**。在舞台中复制多个菱形，并调整至合适的位置，如右下图所示。

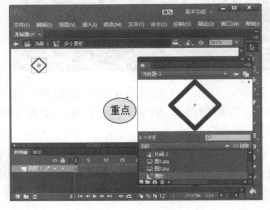 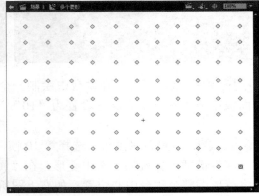

# 第14章 遮罩特效动画

STEP 13：**插入帧**。选择图层1的第65帧，按下"F5"键插入帧，如左下图所示。

STEP 14：**拖动多个菱形元件**。返回场景1，新建图层，在"库"面板中将"多个菱形"影片剪辑元件拖曳到舞台中，并调整至合适的位置，如右下图所示。

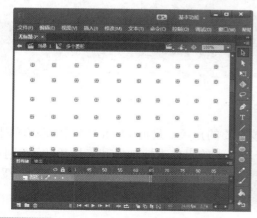 

STEP 15：**设置遮罩**。在图层3上单击鼠标右键，在弹出的快捷菜单中选择"遮罩层"命令，如左下图所示。

STEP 16：**查看显示效果**。选择命令后，图像的显示效果及图层的显示效果如右下图所示。

STEP 17：**欣赏最终效果**。保存文件，按下"Ctrl+Enter"组合键，欣赏本例的完成效果，如下图。

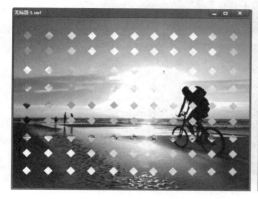 

# 第 15 章
## 网络广告动画

**本章导读**

Flash 广告在网络广告应用中扮演着越来越重要的角色。目前 Flash 广告在现在的网络商业广告应用中发挥着越来越重要的作用,凭借其强大的媒体支持功能和多样化的表现手段,可以用更直观的方式表现广告的主体,这种表现方式不但效果极佳,也更为广大广告受众所接受。

**知识要点**

- ◆ 箱包竖条网络广告
- ◆ 珠宝网络促销广告
- ◆ 旅游宣传广告
- ◆ 制作房地产宣传广告

**案例展示**

# 第 15 章 网络广告动画

## 15.1 箱包竖条网络广告

➡ 案例效果

| 素材文件：光盘\素材文件\第 15 章\实例 1 |
|---|
| 结果文件：光盘\结果文件\第 15 章\实例 1.fla |
| 教学文件：光盘\教学文件\第 15 章\无 |

➡ 制作分析

本例难易度：★★★☆☆

| 关键提示： | 知识要点： |
|---|---|
| 本例运用补间动画与导入音乐功能制作箱包竖条网络广告。 | ● 创建遮罩层<br>● 导入音乐 |

➡ 具体步骤

STEP 01：设置文档。新建一个 Flash 空白文档，执行"修改→文档"命令，打开"文档设置"对话框，在对话框中将"舞台大小"设置为 220 像素（宽）×446 像素（高），在"帧频"文本框中输入"12"，如左下图所示。设置完成后单击"确定"按钮。

STEP 02：导入图像。执行"文件→导入→导入到舞台"命令，将一幅图像导入到舞台上，如右下图所示。

STEP 03：**插入关键帧**。选中舞台上的图片，将其转换为图形元件，图形元件的名称保持默认，如左下图所示。设置完成后单击"确定按钮"。

STEP 04：**设置属性**。选分别在时间轴上的第 18 帧、第 29 帧与第 78 帧处按下"F6"键，插入关键帧，如右下图所示。

STEP 05：**插入关键帧**。选中第 78 帧处的图片，在"属性"面板上的"样式"下拉列表中选择"高级"选项，并进行如左下图所示的设置。

STEP 06：**设置属性**。在第 29 帧与第 78 帧之间创建补间动画，如右下图所示。

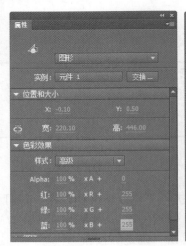
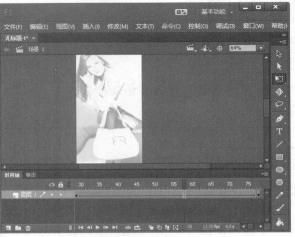

STEP 07：**设置 Alpha 值**。选中第 1 帧处的图片，在"属性"面板上的"样式"下拉列

表中选择"Alpha"选项，并将 Alpha 值设置为 35%，如左下图所示。最后在第 1 帧与第 18 帧之间创建补间动画。

**STEP 08**：**输入文字**。新建一个图层 2。使用"文本工具"在舞台的左侧输入橙黄色的文字"你手中的风情"，如右下图所示。

**STEP 09**：**移动文字**。在图层 2 的第 18 帧处插入关键帧，将该帧处的文字向右移动到如左下图所示的位置。然后在第 1 帧与第 18 帧之间创建补间动画。最后在图层 2 的第 65 帧处插入空白关键帧。

**STEP 10**：**导入图像**。新建图层 3，在图层 3 的第 66 帧处插入关键帧，导入一副图像到舞台中，如右下图所示。

 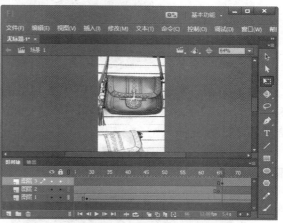

**STEP 11**：**设置 Alpha 值**。选中舞台上的图片，将其转换为图形元件，图形元件的名称保持默认。在图层 3 的第 82 帧处插入关键帧。然后选中图层 3 第 66 帧处的图片，在"属性"面板中将它的"Alpha"值设置为 0%，如左下图所示。最后在第 66 帧与第 82 帧之间创建补间动画。

**STEP 12**：**设置属性**。在图层 3 的第 110 帧与第 148 帧处插入关键帧。选中第 148 帧处的图片，在"属性"面板上的"样式"下拉列表中选择"高级"选项，然后进行如右下图所示的设置。最后在第 110 帧与第 148 帧之间创建补间动画。

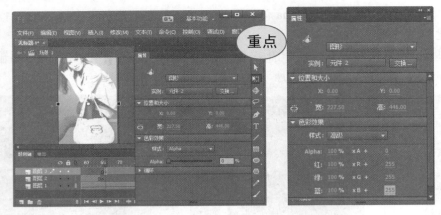

STEP 13：**输入文字**。将图层 3 层拖到图层 2 的下方。在图层 2 的第 85 帧处插入关键帧，选择文本工具 T，在舞台的右侧输入黄色的文字"是最美的风景"，如左下图所示。

STEP 14：**移动文字**。在图层 2 的第 102 帧与第 132 帧处插入关键帧。选中第 102 帧处的文字，将其移动到舞台上，如右下图所示。

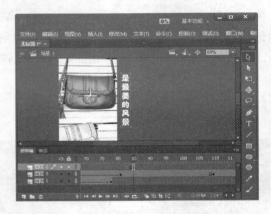
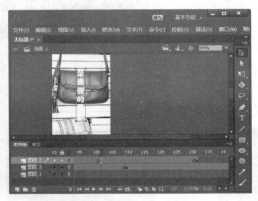

STEP 15：**移动文字**。选中第 132 帧处的文字，将其移动到舞台的左侧。然后分别在第 85 帧与第 102 帧之间，第 102 帧与第 132 帧之间创建补间动画，如左下图所示。最后在图层 2 的第 133 帧处插入空白关键帧。

STEP 16：**导入图像**。新建一个图层 4，在该层的第 134 帧处插入关键帧，导入一副图像到舞台中，如右下图所示。

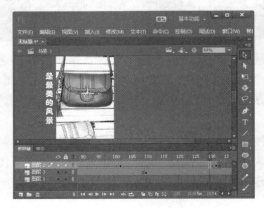

STEP 17：设置 Alpha 值。选中舞台上的图片，将其转换为图形元件，图形元件的名称保持默认。在图层 4 的第 150 帧、第 168 帧与第 227 帧处插入关键帧。然后选中图层 4 第 134 帧处的图片，在"属性"面板中将它的 Alpha 值设置为 0%，如左下图所示。

STEP 18：设置属性。选中图层 4 第 227 帧处的图片，在"属性"面板上的"样式"下拉列表中选择"高级"选项，然后进行如右下图所示的设置。最后在第 134 帧与第 150 帧之间，第 168 帧与第 227 帧之间创建补间动画。

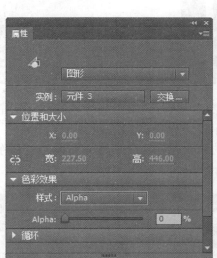
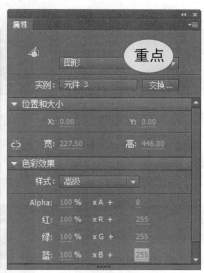

STEP 19：输入文字。新建图层 5，在该层的第 151 帧处插入关键帧。单击文本工具，在图片上输入红色的文字"LILY 箱包"，如左下图所示。

STEP 20：绘制椭圆。新建一个图层 6，在第 151 帧处插入关键帧，选择椭圆工具，在文字上绘制一个无边框，填充色为任意的椭圆，如右下图所示。

STEP 21：放大椭圆。在图层 6 的第 161 帧处插入关键帧，使用任意变形工具将椭圆放大至完全遮住文字，然后在第 151 帧与第 161 帧之间创建形状补间动画，如左下图所示。

STEP 22：创建遮罩层。在图层 6 上单击鼠标右键，在弹出的快捷菜单中选择"遮罩层"命令，如右下图所示。

**STEP 23**：导入音乐文件。新建一个图层 7，执行"文件→导入→导入到库"命令，将一个音乐文件导入到"库"中，如左下图所示。

**STEP 24**：选择音乐文件。选择图层 7 的第 1 帧，在"属性"面板的"名称"下拉列表框中选择刚才导入的音乐文件，如右下图所示。

**STEP 25**：欣赏最终效果。保存文件，按下"Ctrl+Enter"组合键，欣赏本例的完成效果，如下图所示。

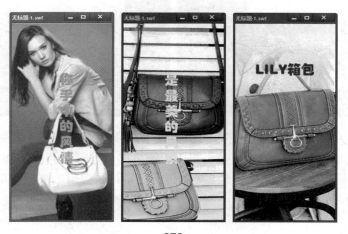

## 15.2 珠宝网络促销广告

**案例效果**

| | |
|---|---|
| 素材文件： | 光盘\素材文件\第15章\实例2 |
| 结果文件： | 光盘\结果文件\第15章\实例2.fla |
| 教学文件： | 光盘\教学文件\第15章\无 |

**制作分析**

本例难易度：★★★☆☆

| 关键提示： | 知识要点： |
|---|---|
| 本实例主要使用了创建元件功能、逐帧动画与新建场景功能来制作。 | ● 创建元件<br>● 逐帧动画<br>● 新建场景 |

**具体步骤**

**STEP 01**：设置文档。新建一个 Flash 空白文档，执行"修改→文档"命令，打开"文档设置"对话框，在对话框中将"舞台大小"设置为 600 像素（宽）×300 像素（高），"背景颜色"设置为红色，在"帧频"文本框中输入"12"，如左下图所示。完成后单击"确定"按钮。

**STEP 02**：导入图像。执行"文件→导入→导入到舞台"命令，将一幅图像导入到舞台上，如右下图所示。

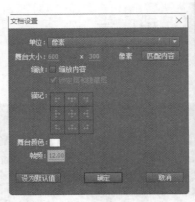
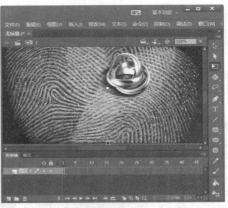

STEP 03：**设置 Alpha 值**。选中舞台上的图片，将其转换为图形元件，图形元件的名称保持默认。在时间轴上的第 15 帧处插入关键帧。将第 1 帧的图片的 Alpha 值设置为 20%，如左下图所示。最后在第 1 帧与第 15 帧之间创建补间动画。

STEP 04：**新建图层**。新建一个图层"文字 1"，在"文字 1"层的第 10 帧处插入关键帧，然后分别在图层 1 与"文字 1"层的第 100 帧处插入帧，如右下图所示。

STEP 05：**输入文字**。单击文本工具，在"文字 1"层的第 10 帧处输入文字"岁末回馈第二波"，并将其移动到舞台的上方，如左下图所示。

STEP 06：**移动文字**。在第 25 帧处插入关键帧，将该帧处的文字向下移动到舞台上，如右下图所示。

# 第 15 章 网络广告动画

STEP 07：**输入文字**。在"文字 1"层的第 10 帧与第 25 帧之间创建动画。新建一个图层"文字 2"，在该层的第 25 帧处插入关键帧，单击文本工具 T 输入文字"优惠"，如左下图所示。

STEP 08：**绘制矩形**。新建一个图层"遮罩"，在第 25 帧处插入关键帧，单击矩形工具 ▭，在刚输入的文字的左侧绘制一个无边框，填充色为任意色的矩形，如右下图所示。

 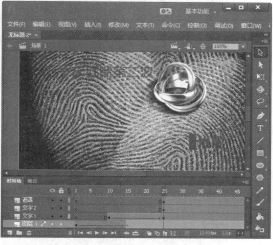

STEP 09：**创建动画**。在"遮罩"层的第 40 帧处插入关键帧，并将矩形放大至刚好遮住文字的位置。在第 25 帧与第 40 帧之间创建形状补间动画，如左下图所示。

STEP 10：**创建遮罩层**。在"遮罩"层上单击鼠标右键，在弹出的快捷菜单中选择"遮罩层"命令，如右下图所示。

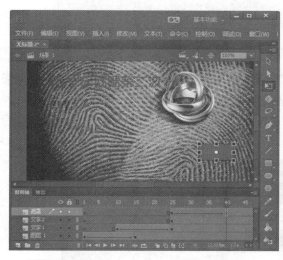 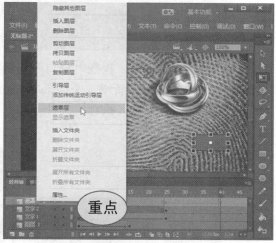

STEP 11：**输入文字**。新建一个图层"文字 3"，在第 35 帧处插入关键帧，单击文本工具 T 在舞台下方输入文字"多多"，如左下图所示。

STEP 12：**移动文字**。在"文字 3"层的第 41 帧处插入关键帧，将文字"多多"向上移动到如右下图所示的位置。在第 35 帧与第 41 帧之间创建动画，如右下图所示。

 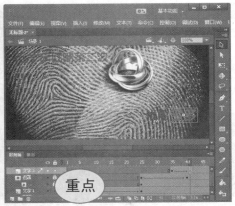

**STEP 13**：**插入关键帧**。分别在"文字 3"层的第 43 帧、第 45 帧、第 47 帧、第 49 帧、第 51 帧处插入关键帧，如左下图所示。

**STEP 14**：**设置文字颜色**。分别将第 43 帧、第 45 帧、第 47 帧、第 49 帧处的文字颜色分别设置为不同的颜色，如右下图所示。

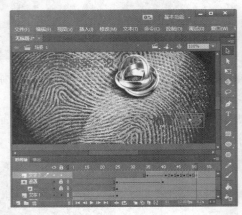 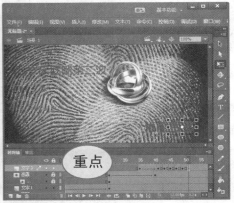

**STEP 15**：**新建场景**。执行"窗口→场景"命令，打开"场景"面板，在"场景"面板中单击添加场景按钮，新增一个场景 2，如左下图所示。

**STEP 16**：**导入图像**。执行"文件→导入→导入到舞台"命令，将一幅图像导入到舞台上，如右下图所示。

# 第 15 章 网络广告动画

**STEP 17**：**输入文字**。新建图层 2，在舞台上输入文字"超级大礼免费送"，如左下图所示。

**STEP 18**：**绘制椭圆**。新建一个图层 3，选择椭圆工具 ，在文字上绘制一个无边框、填充色为任意的椭圆，如右下图所示。

**STEP 19**：**放大椭圆**。在图层 1、图层 2 与图层 3 的第 120 帧处插入帧，在图层 3 的第 20 帧处插入关键帧，使用任意变形工具 ，将椭圆放大至完全遮住文字，然后在第 1 帧与第 20 帧之间创建形状补间动画，如左下图所示。

**STEP 20**：**创建遮罩层**。在图层 3 上单击鼠标右键，在弹出的快捷菜单中选择"遮罩层"命令，如右下图所示。

**STEP 21**：**输入文字**。新建图层 4，在第 25 帧处插入关键帧处，输入文字"数量有限 抢完为止"，如左下图所示。

**STEP 22**：**转换为元件**。选中文字，按下"F8"键，将其转换为图形元件，如右下图所示。

STEP 23：**设置 Alpha 值**。在图层 4 第 50 帧处插入关键帧，然后选择第 25 帧处的文字，在"属性"面板中将其 Alpha 值设置为 0，如左下图所示。

STEP 24：**创建动画**。将图层 4 第 50 帧处的文字向右移动，然后在图层 4 第 25 帧与第 50 帧之间创建补间动画，如右下图所示。

STEP 25：**欣赏最终效果**。保存文件，按下"Ctrl+Enter"组合键，欣赏本例的完成效果，如下图所示。

278

# 15.3 旅游宣传广告

➡ 案例效果

| 素材文件：光盘\素材文件\第 15 章\实例 3 |
| --- |
| 结果文件：光盘\结果文件\第 15 章\实例 3.fla |
| 教学文件：光盘\教学文件\第 15 章\无 |

➡ 制作分析

本例难易度：★★★★☆

**关键提示：**

本例首先使用导入功能，将图片导入库，然后将导入的素材文件转换为元件，并为其添加补间动画、文字，通过调整文字的位置和不透明度来创建文字显示动画，最后为宣传广告添加背景音乐。

**知识要点：**
- 导入素材
- 转换为元件
- 创建传统补间
- 创建文字动画
- 添加音乐文件

➡ 具体步骤

**STEP 01** **设置文档。** 新建一个 Flash 文档，执行"修改→文档"命令，打开"文档设置"对话框,在对话框中将"舞台大小"设置为设置为 800 像素(宽)×600 像素(高),将"舞台颜色"设置为深红色,如左下图所示。完成后单击"确定"按钮。

STEP 02：导入到库。执行"文件→导入→导入到库"命令,将素材导入到库中,如右下图所示。

STEP 03：创建新元件。在按下"Ctrl+F8"组合键,打开"创建新元件"对话框,将"名称"设置为"图片切换",将"类型"设置为"影片剪辑",如左下图所示。完成后单击"确定"按钮。

STEP 04：绘制直线。在工具箱中选择"线条工具" ，在舞台中绘制一条垂直的直线,选中绘制的图形,在"属性"面板中将"高"设置为"600",将"笔触颜色"设置为"白色",将"笔触"设置为"1.5",如右下图所示。

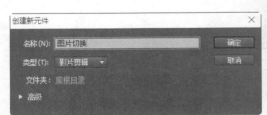 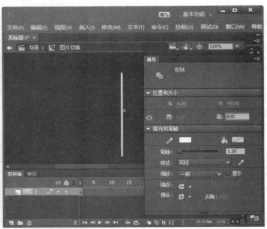

STEP 05：转换为元件。选中线条,按下"F8"键,在弹出的"转换为元件"对话框中,将"名称"设置为"线",将"类型"设置为"图形,将"对齐设置为"中心对齐,设置完成后单击"确定按钮,如左下图所示。

STEP 06：设置元件属性。选中该图形元件,在"属性"面板中将"X"设置为"400","Y"设置为"-300",将"样式"设置为"Alpha",将"Alpha"值设置为"0",如右下图所示。

第 15 章　网络广告动画

STEP 07：**设置元件 Alpla 值**。选中第 10 帧，按下"F6"键插入关键帧，选中该帧上的元件，在"属性"面板中，将"Y"设置为"300"，将"Alpla"值设置为"100"，如左下图所示。

STEP 08：**创建传统补间动画**。在第 1 帧和第 10 帧之间创建传统补间动画，如右下图所示。

STEP 09：**设置图片属性**。选中第 105 帧，按下"F5"键插入帧。新建图层 2，选择第 10 帧，插入关键帧，在"库"面板中将"小图 01.jpg"拖入舞台中，选中该图片，在"属性"面板中将"宽"设置为"400"，"高"设置为"600"，如左下图所示。

STEP 10：**转换为元件**。保持图像选中，按下"F8"键，在弹出的"转换为元件"对话框中将"名称"设置为"切换图 01"，将"类型"设置为"影片剪辑"，如右下图所示。完成后单击"确定"按钮。

281

**STEP 11**：设置元件属性。选中该元件，在"属性"面板中将"X"设置为"200"，"Y"设置为"300"，将"样式"设置为"高级"，并设置其参数，如左下图所示。

**STEP 12**：调整高级参数。选择第25帧，按下"F6"键插入关键帧，选中该帧上的元件，在"属性"面板中调整高级参数，如右下图所示。

**STEP 13**：创建传统补间动画。在第17帧与25帧之间创建传统补间动画，如左下图所示。

**STEP 14**：复制图层。选择图层1，然后单击鼠标右键，在弹出的快捷菜单中选择"复制"图层命令，如右下图所示。

**STEP 15**：拖入影片剪辑元件。将图层1复制图层移动至图层2的上方，然后将第1帧和第10帧分别移动至第25帧和第34帧处，选中第25帧处的元件，在"属性"面板中将"X"设置为"800"，如左下图所示。

**STEP 16**：拖入影片剪辑元件。选中第34帧上的元件，在"属性"面板中将"X"设置为"800"，如右下图所示。

# 第 15 章 网络广告动画

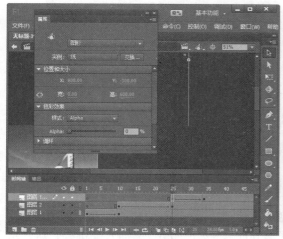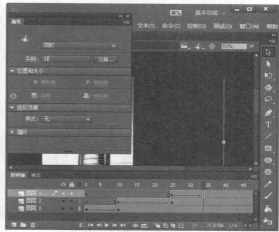

**STEP 17**：拖入影片剪辑元件。新建图层，选中第 34 帧，按下"F6"键插入关键帧，在"库"面板中将"小图 02.jpg"拖动到舞台中。选中该图像，在"属性"面板中将"宽"设置为"400"，"高"设置为"600"，如左下图所示。

**STEP 18**：转换为元件。选中图像，按下"F8"键，在弹出的"转换为元件"对话框中，设置"名称"为"切换图 02"，设置"类型"为"影片剪辑"，然后单击"确定"按钮，如右下图所示。

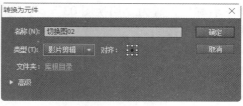

**STEP 19**：设置元件属性。选中该元件，在"属性"面板中将"X"设置为"601"，将"Y"设置为"300"，将"样式"设置为"高级"，并调整高级样式的参数，如左下图所示。

**STEP 20**：设置元件属性。选中第 49 帧，按下"F6"键插入关键帧，选中该帧上的元件，在"属性"面板中调整高级样式的参数，如右下图所示。

 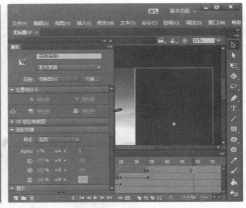

STEP 21：**创建传统补间**。在34帧与49帧之间创建传统补间动画，如左下图所示。

STEP 22：**设置素材属性**。新建图层，选择第60帧，按下"F6"键插入关键帧，从"库"面板中将"小图03.jpg"素材文件拖入舞台中，设置"宽"为"400"，"高"为"600"，并调整其位置，如右下图所示。

STEP 23：**转换为元件**。选中该图像，按下"F8"键，在弹出的"转换为元件"对话框中将"名称"设置为"切换图03"，将"类型"设置为"影片剪辑"，如左下图所示。完成后单击"确定"按钮。

STEP 24：**设置元件高级参数**。在"属性"面板中，将"样式"设置为"高级"，并设置其参数，如右下图所示。

# 第 15 章 网络广告动画

**STEP 25**：设置元件高级参数。选中第 75 帧，按下"F6"键插入关键帧，选中该帧上的元件，在"属性"面板中调整高级样式参数，如左下图所示。

**STEP 26**：创建补间动画。在 60 帧和 75 帧之间创建传统补间动画，如右下图所示。

**STEP 27**：创建右侧动画。使用相同的方法创建其右侧的切换动画，如左下图所示。

**STEP 28**：输入代码。将新建图层，选中第 105 帧，按下"F6"键插入关键帧，选中该关键帧，按下"F9"键弹出"动作"面板，输入如下代码，如右下图所示。

```
stop();
```

 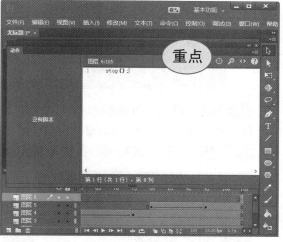

**STEP 29**：设置元件属性。返回场景 1，在"库"面板中将"图片切换影片"剪辑拖动到舞台中，选择该元件，在"属性"面板中将"X"设置为"-1"，将"Y"设置为"0"，如左下图所示。

**STEP 30**：设置图片位置。选中该图层的 110 帧，按下"F7"键插入空白关键帧，在"库"面板中将"大图 01.jpg"拖入舞台中，在"对齐"面板中单击"水平中齐"、"垂直中齐"和"匹配宽和高"按钮，如右下图所示。

**STEP 31**：转换为元件。选中该图像，按下"F8"键，在弹出的对话框中将"名称"设置为"背景01"，如左下图所示。完成后单击"确定"按钮。

**STEP 32**：设置元件属性。选中该元件，在"属性"面板中将"样式"设置为"高级"，并设置其参数，如右下图所示。

**STEP 33**：设置元件高级参数。选中第130帧，按下"F6"键插入关键帧，选中该帧上的元件，在"属性"面板中调整高级样式参数，如左下图所示。

**STEP 34**：创建传统补间。在第110帧和130帧之间创建传统补间动画，如右下图所示。

## 第 15 章 网络广告动画

**STEP 35**：设置元件高级参数。选中第 195 帧，按下"F6"键插入关键帧，然后选中第 215 帧，按 F6 键插入关键帧，选中该帧上的元件，在"属性"面板中调整高级样式的参数，如左下图所示。

**STEP 36**：创建传统补间。在第 195 帧与第 215 帧之间插入传统补间动画，如右下图所示。

**STEP 37**：创建新元件。选中第 460 帧，按下"F6"键插入关键帧，按 Ctrl+F8 组合键，在弹出的"创建新元件"对话框中，设置"名称"为"文字动画 1"，将"类型"设置为"影片剪辑"，如左下图所示。完成后单击"确定"按钮。

**STEP 38**：设置文本属性。在工具箱中单击"文本工具" 按钮，在舞台中输入文字。选中输入的文字，在"属性"面板中为字体设置字体参数，如右下图所示。

**STEP 39**：转换为元件。选中该文字，按下"F8"键，在弹出的"转换为元件"对话框中将"名称"设置为"文字 1"，将"类型"设置为"影片剪辑"，并调整其对齐方式，如左下图所示。完成后单击"确定"按钮。

**STEP 40**：设置元件属性。选中该元件，将"X"设置为"1.85"，将"Y"设置为"6.8"，单击"滤镜"选项组中的"添加滤镜" 按钮，在弹出的下拉菜单中选择"模糊"命令，如右下图所示。

287

STEP 41：**设置滤镜参数**。在"属性"面板中将"模糊 X"和"模糊 Y"都设置为"20"，将"品质设置为"高"，如左下图所示。

STEP 42：**设置滤镜参数**。将选中该图层的 20 帧，按下"F6"键插入关键帧，选中该帧上的元件，在"属性"面板中将"模糊 X"和"模糊 Y"都设置为"0"，如右下图所示。

STEP 43：**设置 Alpha 值**。在第 1 帧和第 20 帧之间创建传统补间动画。在第 60 帧插入关键帧，然后在第 80 帧插入关键帧，选中该帧上的元件，在"属性"面板中将"样式"设置为"Alpha"，将"Alpha"值设置为"0"，如左下图所示。

STEP 44：**创建遮传统补间**。在第 60 帧和第 80 帧之间创建传统补间动画，如右下图所示。

STEP 45：**创建其他文字动画**。使用相同的方法为创建其他文字，并将其转换为元件，然后为其添加关键帧，并进行相应的设置，如左下图所示。

STEP 46：**输入代码**。新建图层，选择第80帧，按F6键插入关键帧，选中该关键帧，按下"F9"键打开"动作"面板，输入以下代码，如右下图所示。

```
stop();
```

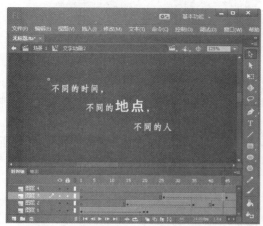

STEP 47：**将文字动画拖入到舞台**。关闭"动作"面板，返回场景1，新建图层，在第130帧处插入关键帖，在"库"面板中将"文字动画1"影片剪辑元件拖动到舞台中，并调整位置，如左下图所示。

STEP 48：**将图片拖入舞台**。选中第220帧，按下"F7"键，插入空白关键帧，在"库"面板中将"大图02.jpg"拖入舞台中，并调整位置和大小，如右下图所示。

STEP 49：**转换为元件**。选中该图像，按下"F8"键，在弹出的"转换为元件"对话框中将"名称"设置为"背景02"，将"类型"设置为"影片剪辑"，并调整其对齐方式，如左下图所示。完成后单击"确定"按钮。

STEP 50：**设置元件高级参数**。选中该元件，在"属性"面板中将"样式"设置为"高级"，并设置其参数，如右下图所示。

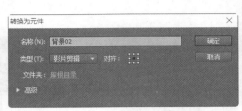

STEP 51：**设置元件高级参数**。选中第 240 帧，按下"F6"键插入关键帧，选中该帧上的元件，在"属性"面板中调整高级样式的参数，如左下图所示。

STEP 52：**创建传统补间**。在第 220 帧与第 240 帧之间创建传统补间动画，如右下图所示。

STEP 53：**设置元件高级参数**。选中第 310 帧，按下"F6"键插入关键帧，再选中该图层的 330 帧，按下"F6"键插入关键帧，选中该帧上的元件，在"属性"面板中调整高级参数，如左下图所示。

STEP 54：**创建其他动画**。在第 310 帧和 330 帧之间插入传统补间动画，并使用相同的方法创建文字动画和其他切换动画，如右下图所示。

STEP 55：**输入代码**。新建图层，选中第 460 帧，按下"F6"键插入关键帧，选中该关键帧，按下"F9"键打开"动作"面板，输入如下代码，如左下图所示。

```
stop();
```

STEP 56：**添加音乐**。关闭"动作"面板，将"背景音乐 021.mp3"音频文件导入到库。新建图层，将音频文件拖动到舞台中，为其添加音乐，如右下图所示。

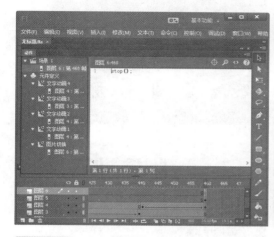 

STEP 57：**欣赏最终效果**。保存文件，按下"Ctrl+Enter"组合键，欣赏本例的完成效果，如下图所示。

## 15.4 制作地产宣传广告

➡ 案例效果

| 素材文件：光盘\素材文件\第 15 章\实例 4 |
| --- |
| 结果文件：光盘\结果文件\第 15 章\实例 4.fla |
| 教学文件：光盘\教学文件\第 15 章\无 |

➡ 制作分析

本例难易度：★★★★☆

| 关键提示： | 知识要点： |
| --- | --- |
| 本例主要使用遮罩和传统补间动画以及元件来制作地产宣传广告。 | ● 设置遮罩层<br>● 制作文字动画<br>● 添加背景音乐 |

➡ 具体步骤

**STEP 01**：设置文档。设置文档。新建一个 Flash 文档，执行"修改→文档"命令，打开"文档设置"对话框，在对话框中将"舞台大小"设置为设置为 700 像素（宽）×440 像素（高），将"舞台颜色"设置为#FF9900，如左下图所示。完成后单击"确定"按钮。

**STEP 02**：导入到库。执行"文件→导入→导入到库"命令，弹出"导入到库"对话框，将所有素材文件导入到库中，如右下图所示。

# 第15章 网络广告动画

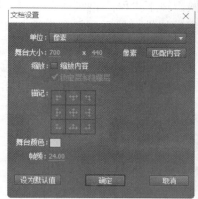

STEP 03：**对齐图片**。将"房地产01.jpg"拖动到舞台中，并与舞台对齐，如左下图所示。

STEP 04：**转换为元件**。选确认素材图片处于选中状态，按下"F8"键弹出"转换为元件"对话框，设置"名称"为"图片01"，将"类型"设置为"图形"，如右下图所示。完成后单击"确定"按钮。

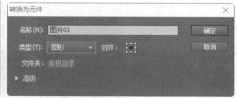

STEP 05：**设置元件属性**。选择"图层1"的第35帧，按下"F6"键插入关键帧，然后选择第50帧，插入关键帧，并在"属性"面板中将"样式"设置为"Alpha"，将"Alpha"值设置为"0%"，如左下图所示。

STEP 06：**创建传统补间动画**。在第35帧和第50帧之间创建传统补间动画，如右下图所示。

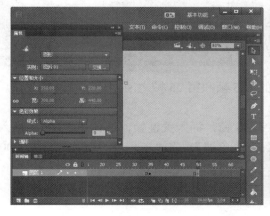

STEP 07：输入文字。新建图层2，选择第5帧，按下"F6"键插入关键帧，在工具箱中选择"文本工具"，在"属性"面板中设置文字的属性，然后在舞台中输入文字，如左下图所示。

STEP 08：转换为元件。选择输入的文字，按下"F8"键，在弹出的"转换为元件"对话框中，设置"名称"为"文字01"，设置"类型"为"图形"，如右下图所示。完成后单击"确定"按钮。

STEP 09：设置Alpha值。调整文字的位置，在"属性"面板中将样式设置为"Alpha"，将"Alpha"值设置为"0%"，如左下图所示。

STEP 10：设置元件属性。选择图层2的第25帧，按下"F6"键插入关键帧，然后在舞台中调整图形元件的位置，并在"属性"面板中将"样式"设置为"无"，如右下图所示。

STEP 11：创建传统补间动画。在图层2的第5帧和第25帧之间创建传统补间动画，如左下图所示。

STEP 12：设置元件属性。选择图层2的第35帧，插入关键帧，选择第50帧，插入关键帧，在第50帧上将图形元件的"样式"设置为"色调"，将"着色"设置为"#CC0000"，将"色调"设置为"100%"，如右下图所示。

第 15 章 网络广告动画

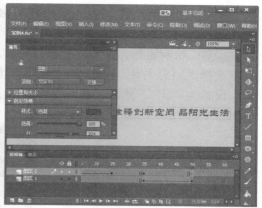

STEP 13：设置变形属性。打开"变形"面板，在该面板中将"缩放宽度"和"缩放高度"设置为"65%"，并在舞台中调整文字的位置，如左下图所示。

STEP 14：创建传统补间动画。在图层 2 的第 35 帧和第 50 帧之间创建传统补间动画，如右下图所示。

STEP 15：设置 Alpha 值。选择图层 2 的第 275 帧和第 285 帧，分别插入关键帧，在第 285 帧将元件的"样式"设置为"Alpha"，将"Alpha"值设置为"0%"，如左下图所示。

STEP 16：创建传统补间动画。在第 275 帧和第 285 帧之间创建传统补间动画，如右下图所示。

STEP 17：创建新元件。按下"Ctrl+F8"组合键，弹出"创建新元件"对话框，设置"名称"为"动画"，设置"类型"为"影片剪辑"，如左下图所示。完成后单击"确定"按钮。

STEP 18：绘制矩形。在新建的影片剪辑元件中，将"图层 1"重命名为"矩形 1"，在工具箱中选择"矩形工具" ，在"属性"面板中将"填充颜色"设置为"白色"，将"笔触颜色"设置为"无"，然后在舞台中绘制一个宽为 700，高为 30 的矩形，如右下图所示。

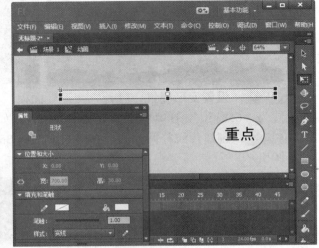

STEP 19：转换为元件。选择绘制的矩形，按下"F8"键，在弹出的"转换为元件"对话框中，将"名称"设置为"矩形"，将"类型"设置为"图形"，然后调整元件的对齐方式，如左下图所示。完成后单击"确定"按钮。

STEP 20：设置矩形属性。选择"矩形 1"图层的第 20 帧，按下"F6"键插入关键帧，在"属性"面板的"位置和大小"选项组中，取消宽度值和高度值的锁定，并将"高"设置为 300，如右下图所示。

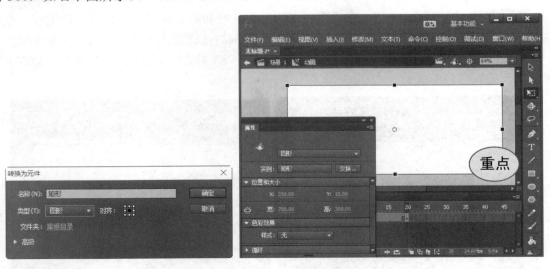

STEP 21：创建传统补间动画。在"矩形 1"图层的第 1 帧和第 20 帧之间创建传统补间动画，如左下图所示。

STEP 22：**设置图片属性**。新建图层2，将其重命名为"图片1"，并将其移到"矩形1"图层的下方。在"库"面板中，将"房地产02.jpg"素材文件拖动到舞台中，在"属性"面板中锁定宽度值和高度值，将"宽"设置为1000，并在舞台中调整其位置，如右下图所示。

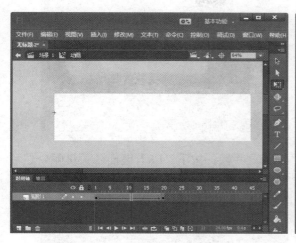 

STEP 23：**转换为元件**。确认素材图片处于选中状态，按下"F8"键，弹出"转换"为元件对话框，设置"名称"为"图片02"，设置"类型"为"图形"，如左下图所示。完成后单击"确定"按钮。

STEP 24：**设置Alpha值**。在"属性"面板中将"图片02"图形元件的"样式"设置为"Alpha"，将"Alpha"值设置为"0%"，如右下图所示。

STEP 25：**创建传统补间动画**。选择图片1图层的第20帧，按下"F6"键插入关键帧，在"属性"面板中将"图片02"图形元件的"样式"设置为"无"，并在两个关键帧之间创建传统补间动画，如左下图所示。

STEP 26：**调整元件的中心点**。选择矩形1图层的第30帧，按下"F6"键插入关键帧，使用"任意变形工具"选择"矩形"图形元件，然后将元件的中心点调整至右上角，如右下图所示。

 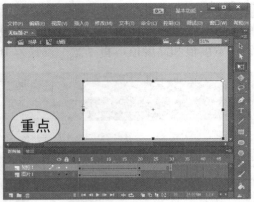

STEP 27：调整矩形宽度。选择矩形 1 图层的第 50 帧，按下"F6"键插入关键帧，然后通过向右拖动左侧边来调整"矩形"图形元件的宽度，将宽度调整为 400，如左下图所示。

STEP 28：创建传统补间动画。在矩形 1 图层的第 30 帧和第 50 帧之间创建传统补间动画，如右下图所示。

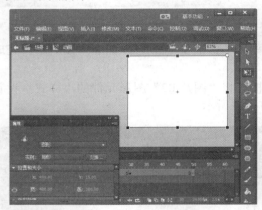 

STEP 29：设置矩形宽度。选择矩形 1 图层的第 85 帧，按下"F6"键插入关键帧，选择第 95 帧，按下"F6"键插入关键帧，通过向左拖动左侧边来调整"矩形"图形元件的宽度，将宽度调整为 700，如左下图所示。

STEP 30：创建传统补间动画。在矩形 1 图层的第 85 帧和第 95 帧之间创建传统补间动画，如右下图所示。

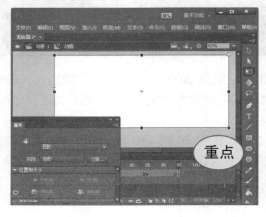 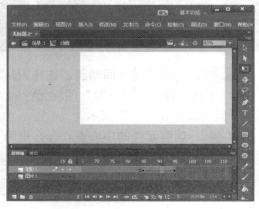

STEP 31：调整元件中心点。选择"矩形 1"图层的第 96 帧，按下"F6"键插入关键帧，将元件的中心点调整至中中心位置，如左下图所示。

STEP 32：调整元件的高度。选择"矩形 1"图层的第 111 帧，按下"F6"键插入关键帧，将"矩形 01"图形元件的高调整为 5，如右下图所示。

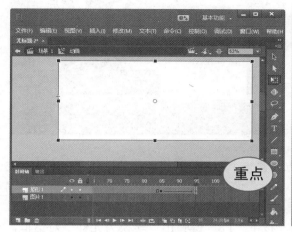 

STEP 33：创建补间动画。在"矩形 1"图层的第 96 帧和第 111 帧之间创建传统补间动画，如左下图所示。

STEP 34：调整元件位置。选择"图片 1"图层的第 53 帧，按下"F6"键插入关键帧，然后选择第 70 帧，按下"F6"键插入关键帧，并向右调整"图片 02"图形元件的位置，如右下图所示。

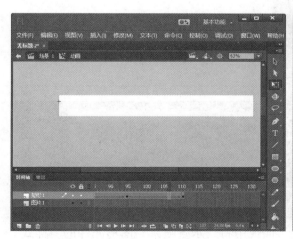 

STEP 35：创建补间动画。在"图片 1"图层的第 53 帧与第 70 帧之间创建传统补间动画，如左下图所示。

STEP 36：设置遮罩层。选择"图片 1"图层的第 111 帧，按下"F6"键插入关键帧。在"矩形 1"图层上单击鼠标右键，在弹出的快捷菜单中选择"遮罩层"命令，即可创建遮罩动画，如右下图所示。

**STEP 37**：**输入文字**。在"矩形1图层上方新建一个图层,并将新建的图层重命名为"文字1",在工具箱中选择"文本工具",在"属性"面板中设置文字样式,然后在舞台中输入文字,如左下图所示。

**STEP 38**：**转换为元件**。选择输入的文字,按下"F8"键弹出"转换为元件"对话框,设置"名称"为"水景喷泉",将"类型"设置为"图形",如右下图所示。完成后单击"确定"按钮。

**STEP 39**：**设置Alpha值**。选择"文字1"图层的第20帧,按下"F6"键插入关键帧,然后选择"文字1"图层的第1帧,在"属性"面板中将"水景喷泉"图形元件的"样式"设置为"Alpha",将"Alpha"值设置为"0%",然后向下调整元件的位置,如左下图所示。

**STEP 40**：**移动图层**。在"文字1"图层的第1帧和第20帧之间创建传统补间动画,并将"文字1"图层移动到"矩形1"图层的下方,然后锁定"文字1"图层,如右下图所示。

# 第 15 章　网络广告动画

**STEP 41**：**绘制矩形**。在矩形 1 图层上方新建一个图层，并将新建的图层重命名为"矩形 2"，选择"矩形 2"的第 30 帧，按下"F6"键插入关键帧，在工具箱中选择"矩形工具"，在"属性"面板中将"填充颜色"设置为"白色"，将"笔触颜色"设置为"无"，然后在舞台中绘制矩形，如左下图所示。

**STEP 42**：**转换为元件**。选择绘制的矩形，按下"F8"键，弹出"转换为元件"对话框，设置"名称"为"矩形 2"，设置"类型"为"图形"，如右下图所示。完成后单击"确定"按钮。

**STEP 43**：**设置 Alpha 值**。选择"矩形 2"图层的第 55 帧，按下"F6"键插入关键帧，然后选择"矩形 2"图层的第 30 帧，在舞台中选择"矩形 2"图形元件，在"属性"面板中取消宽度值和高度值的锁定，将宽设置为 5，然后将"样式"设置为"Alpha"，将"Alpha"值设置为"0%"，如左下图所示。

**STEP 44**：**创建补间动画**。在矩形 2 图层的第 30 帧和第 55 帧之间创建传统补间动画。选择第 75 帧和第 85 帧，按 F6 键插入关键帧，在第 85 帧位置处将"矩形 2"图形元件的宽设置为 5，如右下图所示。

STEP 45：**创建补间动画**。在"矩形 2"图层的第 75 帧和第 85 帧之间创建传统补间动画，然后选择第 86 帧，按下"F7"键插入一个空白关键帧，如左下图所示。

STEP 46：**移动图层**。新建图层，将其重命名为"图片 2"，将该图层移动到"矩形 2"图层的下方，然后选择第 30 帧，按下"F6"键插入关键帧，如右下图所示。

STEP 47：**设置变形属性**。在"库"面板中将"房地产 03.jpg"素材文件拖动到舞台中，在"变形"面板中将"缩放宽度"和"缩放高度"设置为"23.5%"，然后在舞台中调整其位置，如左下图所示。

STEP 48：**转换为元件**。确认素材处于选中状态，按下"F8"键弹出"转换为元件"对话框，设置"名称"为"图片 03"，设置"类型"为"图形"，如右下图所示。完成后单击"确定"按钮。

# 第 15 章 网络广告动画

**STEP 49**:设置 Alpha 值。选择"图片 2"图层的第 50 帧,按下"F6"键插入关键帧,然后选择"图片 2"图层的第 30 帧,在舞台中选择"图片 03"图形元件,在"属性"面板中将"样式"设置为"Alpha",将"Alpha"值设置为"0%",如左下图所示。

**STEP 50**:创建补间动画。在图片 2 图层的第 30 帧和第 50 帧之间创建传统补间动画,如右下图所示。

**STEP 51**:调整元件位置。选择"图片 2"图层的第 85 帧,按下"F6"键插入关键帧,然后在舞台中向下调整"图片 03"的图形元件的位置,如左下图所示。

**STEP 52**:创建补间动画。在图层 2 的第 50 帧第 82 帧之间创建传统补间动画,如右下图所示。

STEP 53：插入关键帧。选择图层 2 的 86 帧，按下"F6"键插入空白关键帧，然后选择"矩形 2"图层的第 112 帧，按下"F6"键插入关键帧，如左下图所示。

STEP 54：插入关键帧。在"库"面板中将"矩形 2"图形元件拖动到舞台中，并在舞台中调整其位置，然后选择"矩形 2"图层的第 145 帧，按下"F6"键插入关键帧，如右下图所示。

 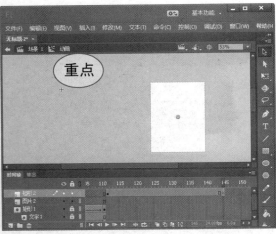

STEP 55：设置元件宽度。选择"矩形 2"图层的第 112 帧，在舞台中选择"矩形 2"图形元件，在"属性"面板中取消宽度值和高度值的锁定，将宽设置为 5，如左下图所示。

STEP 56：创建补间动画。在矩形 2 图层的第 112 帧和第 145 帧之间创建传统补间动画，如右下图所示。

# 第 15 章 网络广告动画

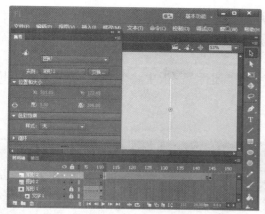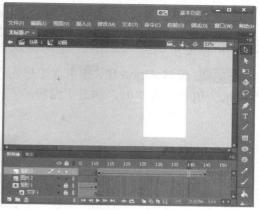

**STEP 57**：**调整中心点**。选择第 190 帧，按下"F6"键插入关键帖，使用"任意变形工具"，选择"矩形 2"图形元件，并将其中心点调整至右侧中心位置，如左下图所示。

**STEP 58**：**调整矩形宽度**。选择矩形 2 图层的第 210 帖，按下"F6"键插入关键帧，通过向右拖动左侧边来调整"矩形 2"的图形元件宽度，将宽度设置为 5，如右下图所示。

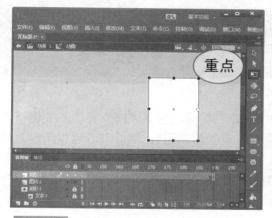

**STEP 59**：**创建补间动画**。在"矩形 2"图层的第 190 帧和第 210 帧之间创建传统补间动画，如左下图所示。

**STEP 60**：**调整素材位置**。选择"图片 2"图层的第 112 帧，按下"F6"键插入关键帧，在"库"面板中将"房地产 04.jpg"素材图片拖动到舞台中，并调整其位置，如右下图所示。

STEP 61：转换为元件。确认图片处于选中状态，按下"F8"键，弹出"转换为元件"对话框，设置"名称"为"图片04"，将"类型"设置为"图形"，如左下图所示。完成后单击"确定"按钮。

STEP 62：设置 Alpha 值。选中该图形元件，在"属性"面板中将"样式"设置为"Alpha"，将"Alpha"值设置为"0"，如右下图所示。

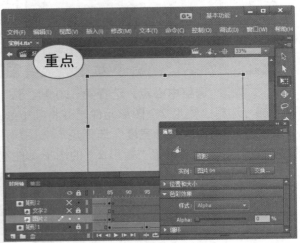

STEP 63：设置元件样式。选择"图层 2"的第 190 帧，按下"F6"键插入关键帧，在"属性"面板中将"图片 01"图形元件的"样式"设置为"无"，然后向右调整图形元件，如左下图所示。

STEP 64：创建补间动画。在图片 2 图层的第 112 帧和第 190 帧之间创建传统补间动画，如右下图所示。

STEP 65：设置元件样式。选择图层 2 的 145 帧，按下"F6"键插入关键帧，在"属性"

面板中将"图片01"图形元件的"样式"设置为"无",如左下图所示。

STEP 66：**设置遮罩层**。选择"图片2图层的第210帧,按F6键插入关键帧,然后在"矩形2"图层上单击鼠标右键,在弹出的快捷菜单中选择"遮罩层"命令,即可创建遮罩动画,如右下图所示。

STEP 67：**输入文字**。在"矩形2图层的上方新建一个图层,并将新建的图层重命名为"文字02",然后选择30帧,按下"F6"键插入关键帧,并在工具箱中选择"文本工具",在"属性"面板中设置文本样式,然后在舞台中输入文字,如左下图所示。

STEP 68：**转换为元件**。选中输入的文字,按下"F8"键弹出"转换为元件"对话框,设置"名称"为"绿色花园",设置"类型"为"图形",如右下图所示。完成后单击"确定"按钮。

STEP 69：**设置 Alpha 值**。确认选中"绿色花园"文字元件,在"属性"面板中将"样式"设置为"Alpha",将"Alpha"值设置为"0",如左下图所示。

STEP 70：设置元件样式。选择"文字 2"图层的第 55 帧，按下"F6"键插入关键帧，在"属性"面板中将"绿色花园"图形元件的"样式"设置为"无"，如右下图所示。

STEP 71：创建传统补间。在"文字 2"图层的第 30 帧和第 55 帧之间创建传统补间动画。如左下图所示。

STEP 72：转换为元件。选择"文字 2"图层的第 112 帧，按下"F7"键插入空白关键帧，使用"文本工具" T 在舞台中输入文字。选择输入的文字，按下"F8"键弹出"转换为元件"对话框，设置"名称"为"露天阳台"，设置"类型"为"图形"，完成后单击"确定"按钮，如右下图所示。

STEP 73：设置 Alpha 值。在"属性"面板中，将样式设置为"Alpha"，将"Alpha"值设置为"0"，如左下图所示。

STEP 74：设置元件样式。选择第 145 帧，按下"F6"键插入关键帧，在"属性"面板中，将"露天阳台"图形元件"样式"设置为"无"，并向右调整其位置，如右下图所示。

308

# 第 15 章 网络广告动画

**STEP 75**：**创建补间动画**。在"文字 2 图层的第 112 帧和第 145 帧之间创建传统补间动画，如左下图所示。

**STEP 76**：**移动图层**。选择"文字 2"图层的第 86 帧，按下"F7"键插入空白关键帧。选中"文字"2 图层，将其拖动到"矩形 2"图层的下方，然后锁定"文字 2"图层，如右下图所示。

**STEP 77**：**作其他动画**。使用相同的方法，继续制作遮罩动画，如左下图所示。

**STEP 78**：**拖动元件**。返回场景 1，新建图层 3，选择第 50 帧，按下"F6"键插入关键帧，然后在"库"面板中将"动画"影片剪辑元件拖动到舞台中，并调整其位置，如右下图所示。

STEP 79：**拖动图片**。新建图层 4，选择第 285 帧，按下 "F6" 键插入关键帧，然后在 "库" 面板中将 "房地产 06.png" 图片拖动到舞台中，如左下图所示。

STEP 80：**转换为元件**。确认素材处于选中状态，按下 "F8" 键弹出 "转换为元件" 对话框，设置 "名称" 为 "图片 06"，设置 "类型" 为 "图形"，如右下图所示。

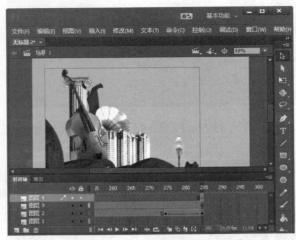

STEP 81：**设置变形**。使用 "任意变形工具" 选择 "图片 06" 元件，将该元件的中心点调整至左下角，然后在 "变形" 面板中将缩放宽度和缩放高度设置为 45.7%，如左下图所示。

STEP 82：**设置 Alpha 值**。在 "属性" 面板中，将 "图片 06" 图形元件样式设置为 "Alpha"，将 "Alpha" 值设置为 "0"，如右下图所示。

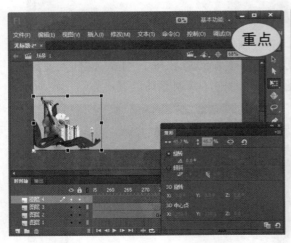
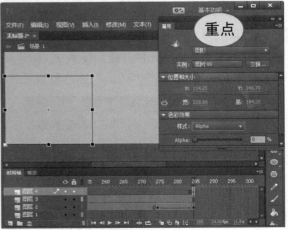

STEP 83：**设置变形**。选择 "图层 4" 的 310 帧，按下 "F6" 键插入关键帧，在 "变形" 面板中将缩放宽度和缩放高度设置为 80%，在 "属性" 面板中将 "样式" 设置为 "无"，如

# 第 15 章 网络广告动画

左下图所示。

**STEP 84**：**创建补间动画**。在图层 4 的第 285 帧和第 310 帧之间创建传统补间动画，如右下图所示。

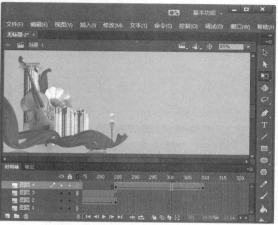

**STEP 85**：**创建补间动画**。选择"图层 4"的第 355 帧，按下"F6"键插入关键帧，然后结合前文所学的方法，制作文字和直线的传统补间动画，如左下图所示。

**STEP 86**：**输入文字**。新建图层 7，选择第 331 帧，按下"F6"键插入关键帧，在工具箱中选择"文本工具" T ，在"属性"面板中设置文字的属性，在舞台中输入文字，如右下图所示。

**STEP 87**：**转换为元件**。选择输入的文字，按下"F8"键，在弹出的"转换为元件"对话框中，将"名称"设置为"文字 02"，将"类型"设置为"影片剪辑"，如左下图所示。完成后单击"确定按钮。

**STEP 88**：**添加滤镜**。在"属性"面板的"滤镜"选项组中，单击"添加滤镜"按钮 ，从弹出的下拉列表中选择"模糊"选项，然后将"模糊 X"和"模糊 Y"设置为"20"像素，如右下图所示。

STEP 89：设置模糊值。选择"图层 7"的第 346 帧，按下"F6"键插入关键帧，在"属性"面板中将"模糊 X"和"模糊 Y"设置为 0 像素，如左下图所示。

STEP 90：创建补间动画。在图层 7 的第 331 帧和第 346 帧之间创建传统补间动画，如右下图所示。

STEP 91：添加背景音乐。新建图层 8，在"库"面板中将"房地产背景音乐.mp3"拖动到舞台中，即可添加背景音乐，如左下图所示。

STEP 92：输入代码。选择"图层 8"的第 355 帧，按下"F6"键插入关键帧，然后按下"F9"键打开"动作"面板，输入如下代码，如右下图所示。完成后关闭"动作"面板。

```
Stop();
```

第 15 章 网络广告动画

STEP 93：欣赏最终效果。保存文件，按下"Ctrl+Enter"组合键，欣赏本游戏的完成效果，如下图所示。

# 第 16 章

# 贺 卡 制 作

**本章导读**

贺卡是人们在遇到喜庆的日期或事件时互相表达问候的一种卡片,人们通常赠送卡片的日子包括生日、圣诞、元旦、春节、母亲节、父亲节、情人节等日子。本章将介绍两种贺卡的制作方法。

**知识要点**

◆ 制作父亲节贺卡
◆ 制作友情贺卡

**案例展示**

# 第 16 章　贺卡制作

## 16.1　制作父亲节贺卡

### ➡ 案例效果

| 素材文件：光盘\素材文件\第 16 章\实例 1 |
| 结果文件：光盘\结果文件\第 16 章\实例 1.fla |
| 教学文件：光盘\教学文件\第 16 章\无 |

### ➡ 制作分析

本例难易度：★★★☆☆

**关键提示：**

　　本例制作父亲节贺卡，首先导入素材，然后将导入的素材转换为元件，并为其添加传统补间动画利用补间形状制作切换动画，创建文字，通过调整文字的位置和不同透明度来创建文字移动动画，最后为贺卡添加按钮和音乐。

**知识要点：**

- 制作元件
- 创建传统补间
- 制作按钮并添加代码
- 添加音效

315

## 具体步骤

**STEP 01**：**设置文档**。新建一个 Flash 空白文档，执行"修改→文档"命令，打开"文档设置"对话框，在对话框中将"舞台大小"设置为 440 像素（宽）×330 像素（高），如左下图所示。设置完成后单击"确定"按钮。

**STEP 02**：**导入到库**。执行"文件→导入→导入到库"命令，将素材导入库中，如右下图所示。

**STEP 03**：**设置素材属性**。将"父亲 01.jpg"素材文件拖入舞台中，选中该素材，在"属性"面板中将"宽"设置为"497"，将"高"设置为"379.95"，将"X"设置为"-57"，将"Y"设置为"0"，如左下图所示。

**STEP 04**：**转换为元件**。选中该图像，在弹出的"转换为元件"对话框中，将"名称"设置为"背景01"，将"类型"设置为"图形"，并调整对齐方式，如右下图所示。完成后单击"确定"按钮。

STEP 05：对齐元件。选择第 120 帧，按下"F6"键插入关键帧，选中该帧上的元件，在"对齐"面板中单击"左对齐"按钮，如左下图所示。

STEP 06：创建传统补间。在第 1 帧和第 120 帧之间创建传统补间动画，如右下图所示。

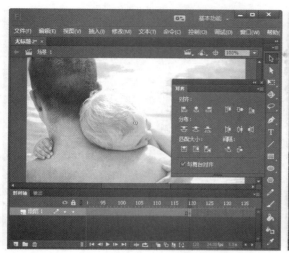 

STEP 07：绘制矩形。新建图层，在工具箱中单击"矩形工具"，在舞台中绘制一个矩形，在"属性"面板中将"X"设置为"-18"，将"Y"设置为"-10"，将"宽"设置为"500"，将"高"设置为"359.95"，将"填充颜色设置为"白色"，将"笔触颜色"设置为"无"，如左下图所示。

STEP 08：设置图形属性。选中第 13 帧，按下"F6"键插入关键帧，选中该帧上的图形，在"属性"面板中将"宽"设置为"76"，将"高"设置为"439"，将"填充颜色"的"Alpha"值设置为"0"，如右下图所示。

STEP 09：创建形状补间。在第 1 帧和第 13 帧之间创建形状补间动画，如左下图所示。

STEP 10：查看形状补间效果。执行该操作后，即可为该图形创建补间形状动画，效果如右下图所示。

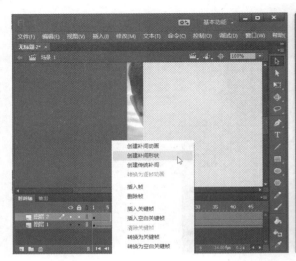

STEP 11：设置文字样式。将新建图层 3，选中第 15 帧，按下"F6"键插入关键帧，在工具箱中单击"文本工具"，在舞台中输入文字。选中输入的文字，在"属性"面板中设置字体样式，如左下图所示。

STEP 12：转换为元件。选中文字，按下"F8"键，在弹出的对话框中将"名称"设置为"文字 1"，将"类型"设置为"图形"，如右下图所示。设置完成后单击"确定"按钮。

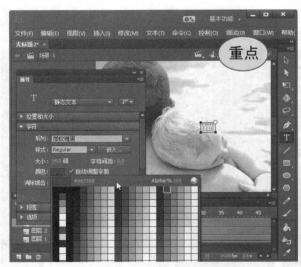

STEP 13：设置 Alpha 值。在"属性"面板中，将"X"设置为"215.7"，将"Y"设置为"41.3"，将"样式"设置为"Alpha"，将"Alpha"值设置为"0"，如左下图所示。

## 第 16 章 贺卡制作

**STEP 14**：设置 Alpha 值。选中第 32 帧，按下"F6"键插入关键帧，选中该帧上的元件，在"属性"面板中设置"Y"为"27.3"，将"Alpha"值设置为"100"，如右下图所示。

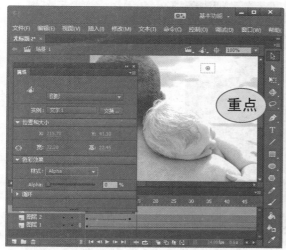 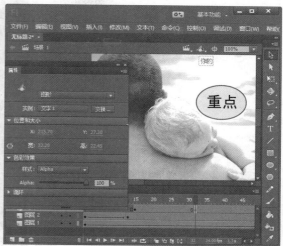

**STEP 15**：创建传统补间。在第 15 帧和第 32 帧之间创建传统补间动画，如左下图所示。

**STEP 16**：设置文字属性。新建图层 4，选中第 24 帧，按下"F6"键插入关键帧，在工具箱中单击"文本工具 T"，在舞台中输入文字，选中文字，在"属性"面板中设置文字样式，如右下图所示。

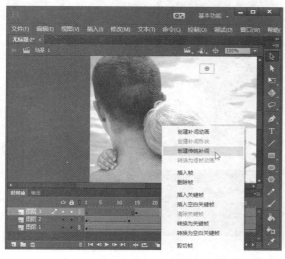 

**STEP 17**：转换为元件。选中文字，按下"F8"键，在弹出的"转换为元件"对话框中将"名称"设置为"文字 2"，将"类型"设置为"图形"，如左下图所示。设置完成后，单击"确定"按钮。

**STEP 18**：设置 Alpha 值。选中该元件，在"属性"面板中将"X"设置为"277.15"，将"Y"设置为"49.4",将"样式"设置为"Alpha",将"Alpha"值设置为"0",如右下图所示。

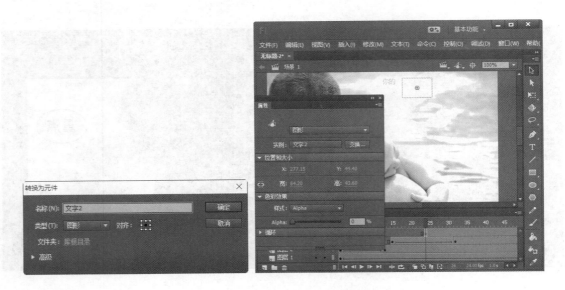

STEP 19：设置 Alpha 值。选中第 38 帧,按下"F6"键插入关键帧,选中该帧上的元件,在"属性"面板中将"X"设置为"257.65",将"Alpha"值设置为"100",如左下图所示。

STEP 20：创建传统补间动画。在第 24 帧和第 38 帧之间创建传统补间动画,如右下图所示。

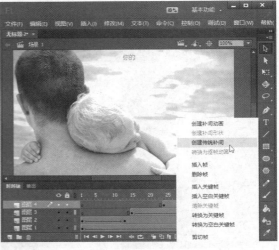

STEP 21：设置文字属性。新建图层 5,选中第 32 帧,按下"F6"键插入关键帧,使用"文本工具"输入文字,然后选中文字,在"属性"面板中设置文字属性,如左下图所示。

STEP 22：转换为元件。保持文字的选中状态,按下"F8"键,在弹出的对话框中将"名称"设置为"文字 3",将"类型"设置为"图形",如右下图所示。设置完成后单击"确定"按钮。

# 第 16 章 贺卡制作

STEP 23：设置 Alpha 值。选中该元件，在"属性"面板中将"X"设置为"327.3"，将"Y"设置为"51.75"，将"样式"设置为"Alpha"，将"Alpha"值设置为"0"，如左下图所示。

STEP 24：设置 Alpha 值。选中该图层的第 45 帧，按下"F6"键插入关键帧，选中该帧上的元件，在"属性"面板中将"Y"设置为"57.25"，将"Alpha"值设置为"100"，如右下图所示。

STEP 25：创建传统补间动画。在第 32 帧和第 45 帧之间创建传统补间动画，如左下图所示。

STEP 26：设置文字属性。选择图层 2 的第 26 帧，按下"F6"键插入关键帧，使用"文本工具" T 创建一个文本，并在"属性"面板中设置文字属性，如右下图所示。

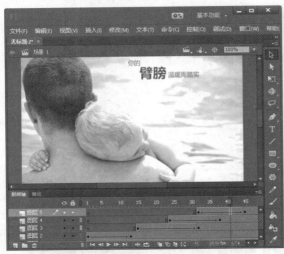 

STEP 27：**转换为元件**。选中文字，按下"F8"键，在弹出的对话框中将"名称"设置为"文字4"，将"类型"设置为"图形"，如左下图所示。设置完成后单击"确定"按钮。

STEP 28：**设置 Alpha 值**。选中该元件，在"属性"面板中将"X"设置为"352.75"，将"Y"设置为"36.75"，将"样式"设置为"Alpha"，将"Alpha"值设置为"0"，如右下图所示。

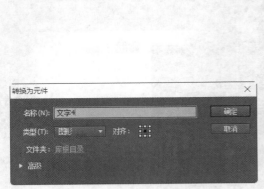 

STEP 29：**设置 Alpha 值**。选中图层 2 的第 94 帧，按下"F6"键插入关键帧，选中该帧上的元件，在"属性"面板中将"Alpha"值设置为"23"，如左下图所示。

STEP 30：**创建传统补间动画**。在第 26 帧和第 94 帧之间创建传统补间动画，如右下图所示。

# 第 16 章 贺卡制作

 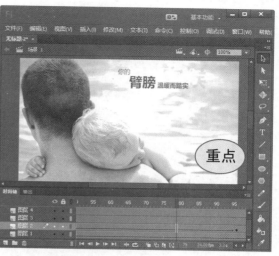

**STEP 31**：**绘制矩形**。新建图层 6，选中第 108 帧，按下"F6"键插入关键帧，在工具箱中选择"矩形工具"，在舞台中绘制一个矩形，选中该矩形，在"属性"面板中将"X"设置为"-18"，将"Y"设置为"-10"，将"宽"设置为"492"，将"高"设置为"73.9"，将填充颜色的"Alpha"设置为"0"，将"笔触颜色"设置为"无"，如左下图所示。

**STEP 32**：**设置 Alpha 值**。第 120 帧，按下"F6"键插入关键帧，选中该帧上的图形，在"属性"面板中将"宽"设置为"494"，将"高"设置为"374"，将填充颜色的"Alpha"值设置为"100"，将"颜色"设置为"白色"，如右下图所示。

**STEP 33**：**创建补间形状**。在第 94 帧和第 120 帧之间创建补间形状，如左下图所示。

**STEP 34**：**创建其他形状**。使用前文所学的方法创建其他动画效果，如右下图所示。

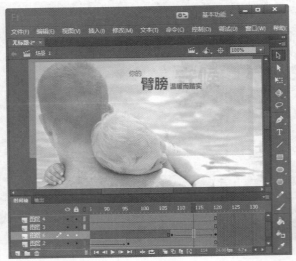

STEP 35：**创建新元件**。按"Ctrl+F8"组合键，在弹出的"创建新元件"对话框中，将"名称"设置为"飘动的小球"，将"类型"设置为"影片剪辑"，如左下图所示。设置完成后单击"确定"按钮。

STEP 36：**设置舞台颜色**。在舞台中单击鼠标，在"属性"面板中将舞台的颜色设置为"#999900"，如右下图所示。

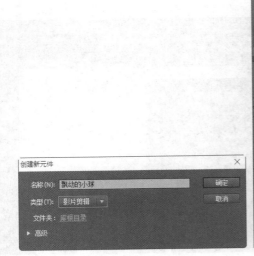
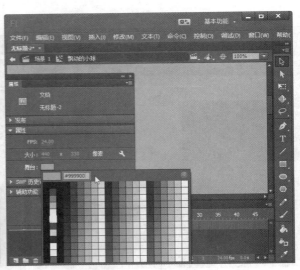

STEP 37：**绘制圆形**。在工具箱是选择"椭圆工具"，在舞台中绘制一个正圆，在"属性"面板中将"宽"和"高"都设置为"47"，将"填充颜色"设置为"白色"，将"笔触颜色"设置为"无"，如左下图所示。

STEP 38：**转换为元件**。选中该图形，按下"F8"键，在弹出的"转换为元件"对话框中将"名称"设置为"小球"，将"类型"设置为"图形"，并调整其中心位置，如右下图所示。设置完成后单击"确定"按钮。

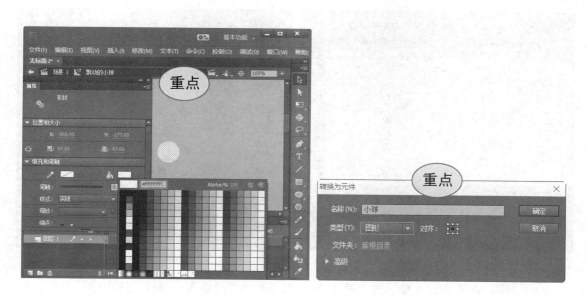

**STEP 39**：设置 Alpha 值。选中该元件，在"属性"面板中，将"X"设置为"-123.1"，将"Y"设置为"49.75"，将"宽"和"高"都设置为"38.6"，将"样式"设置为"Alpha"，将"Alpha"值设置为"24"，如左下图所示。

**STEP 40**：设置 Alpha 值。选中第 23 帧，按下"F6"键插入关键帧，选中该帧上的元件，在"属性"面板中将"Y"设置为"11.5"，将"Alpha"值设置为"0"，如右下图所示。

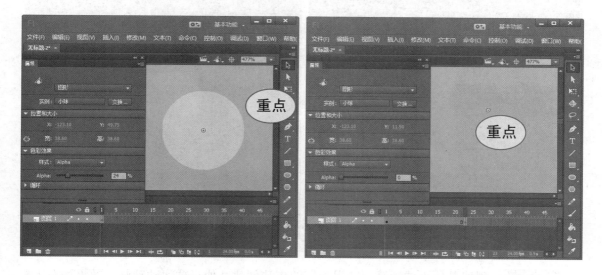

**STEP 41**：创建传统补间动画。在第 1 帧和第 23 帧之间创建传统补间动画，如左下图所示。

**STEP 42**：设置 Alpha 值。选中第 25 帧，按下"F6"键插入关键帧，选中该帧上的元件，在"属性"面板中将"Y"设置为"171.45"，将"宽和"高都设置为"47"，将"Alpha"值设置为"100"，如右下图所示。

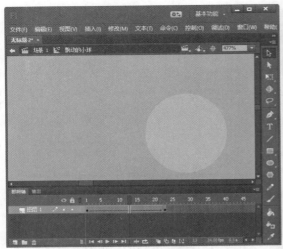 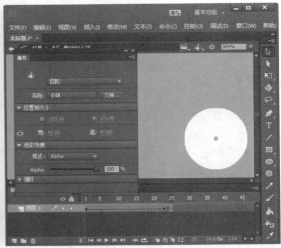

STEP 43：设置 Alpha 值。选中第 48 帧，按下"F6"键插入关键帧，选中该帧上的元件，在"属性"面板中，将"Y"设置为"53.15"，将"宽"和"高"都设置为"38.9"，将"Alpha"值设置为"26"，如左下图所示。

STEP 44：创建传统补间动画。在第 23 帧和第 48 帧之间创建传统补间动画，如右下图所示。

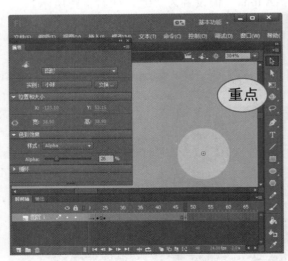 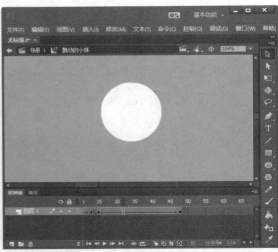

STEP 45：创建其他小球动画。使用相同的方法创建其他小球运动动画，效果如左下图所示。

STEP 46：拖入元件。返回场景 1 中，新建图层，在"库"面板中将"飘动的小球"元件拖入舞台中，将调整其位置，如右下图所示。

# 第 16 章 贺卡制作

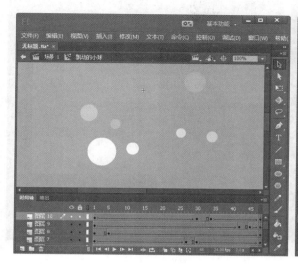 

STEP 47：**设置样式**。选中该元件，在"属性"面板中将"样式"设置为"高级"，并设置其参数，如左下图所示。

STEP 48：**设置滤镜效果**。保持元件的选中状态，在"属性"面板中单击"滤镜"选项组中的"添加滤镜"按钮 ，在弹出的下拉列表中选择"模糊"选项，如右下图所示。

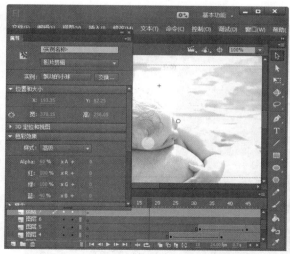 

STEP 49：**设置模糊值**。将"模糊 X"和"模糊 Y"都设置为"10"，将"品质"设置为"高"，如左下图所示。

STEP 50：**设置显示效果**。在"显示"选项组中，将"混合"设置为"叠加"，如右下图所示。

STEP 51：**创建新元件**。按下"Ctrl+F8"组合键，在弹出的"创建新元件"对话框中，将"名称"设置为"按钮"，将"类型"设置为"按钮"，如左下图所示。设置完成后单击"确定"按钮。

STEP 52：**设置文字属性**。将舞台颜色设置为"#FFCC99"，在工具箱中单击"文本工具" T，在舞台中输入文字，并在"属性"面板中设置文字属性，如右下图所示。

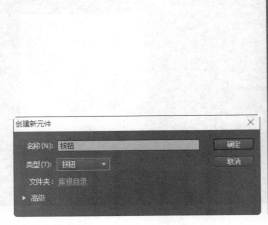

STEP 53：**设置文字属性**。选中该图层的指针经过帧，按下"F6"键插入关键帧，选中该帧上的文字，在"属性"面板中将颜色设置为"#FF3366"，如左下图所示。

STEP 54：**设置实例名称**。返回场景1，新建图层，选择第480帧，按下"F6"键插入关键帧，在"库"面板中将"按钮"元件拖动到舞台中，并调整其位置，在"属性"面板中将"实例名称"设置为"m"，如右下图所示。

**STEP 55**：**输入代码**。选中该按钮元件，按下"F9"键，在弹出的"动作"面板中输入如下代码，如左下图所示。输入完成后关闭"动作"面板。

```
stop();
m.addEventListener("click",replay);
function replay(me:MouseEvent)
{
    gotoAndPlay(1);
}
```

**STEP 56**：**导入声音**。执行"文件→导入→导入到库"命令，将"背景音乐"添加到库。新建图层，在"库"面板中选择导入的音频文件，按住鼠标，将其拖动到舞台中，为贺卡添加音乐，如右下图所示。

**STEP 57**：**欣赏最终效果**。保存文件，按下"Ctrl+Enter"组合键，欣赏本游戏的完成效果，如下图所示。

## 16.2 制作友情贺卡

➡ 案例效果

# 第 16 章 贺卡制作

| 素材文件：光盘\素材文件\第 15 章\实例 2 |
| 结果文件：光盘\结果文件\第 15 章\实例 2.fla |
| 教学文件：光盘\教学文件\第 15 章\无 |

## ➡ 制作分析

本例难易度：★★★★★

| 关键提示： | 知识要点： |
|---|---|
| 本例主要使用遮罩和传统补间动画以及元件来制作友情贺卡。 | ● 设置遮罩层<br>● 创建传统补间动画 |

## ➡ 具体步骤

**STEP 01**：**导入到库**。新建一个 Flash 文档，然后执行"文件→导入→导入到库"命令将素材图片导入到库，如左下图所示。

**STEP 02**：**绘制矩形**。在工具箱中单击"矩形工具" ，将"笔触"设置为"无"，将"填充颜色"设置为"黑色"，然后在舞台上绘制矩形，在"属性"面板中将"宽度"设置为"550"，将"高度"设置为"133.3"，如右下图所示。

 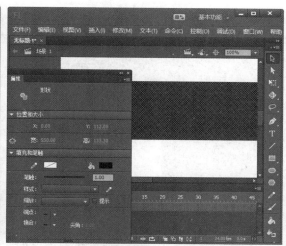

**STEP 03**：**对齐形状**。打开"对齐"面板，勾选"与舞台对齐"复选框，在"对齐"选项组中"水平中齐"按钮 和"顶对齐" 按钮，如左下图所示。

**STEP 04**：**转换为元件**。选择绘制的矩形，按下"F8"键，打开"转换为元件"对话框，在该对话框中将"名称"设置为"开头矩形"，将"类型"设置为"图形"，如右下图所示。完成后单击"确定"按钮。

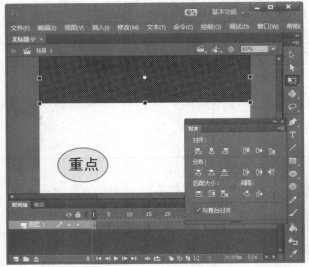

STEP 05：设置元件属性。选中第30帧，按下"F6"键插入关键帧，在舞台上选择"开头矩形"元件，打开"属性"面板，将"X"设置为"833"，将"Y"设置为"66.65"，如左下图所示。

STEP 06：创建传统补间动画。在第1帧和第30帧之间创建传统补间动画，如右下图所示。

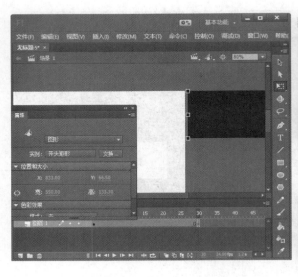
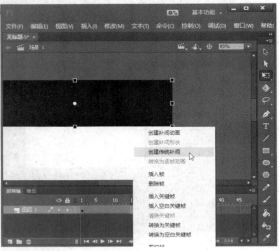

STEP 07：设置元件位置。新建图层，打开"库"面板，将"开头矩形"元件拖动到舞台中，在"属性"面板中将"X"设置为"275"，将"Y"设置为"199.95"，如左下图所示。

STEP 08：设置元件位置。在第5帧插入关键帧，在第35帧插入关键帧，然后在舞台中选择元件，在"属性"面板中将"X"设置为"-280"，如右下图所示。

# 第 16 章 贺卡制作

STEP 09：创建补间动画。在第 5 帧和第 35 帧之间创建传统补间动画，如左下图所示。

STEP 10：设置元件位置。新建图层 3，打开"库"面板，将"开头矩形"元件拖动到舞台中，在"属性"面板中将"X"设置为"275"，将"Y"设置为"333.25"，如右下图所示。

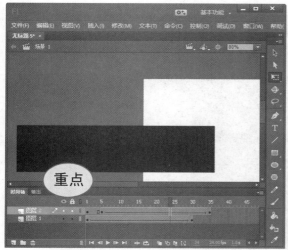

STEP 11：设置元件位置。在第 5 帧插入关键帧，然后选择第 35 帧，在该帧处插入关键帧，然后在舞台中选择元件，将"X"设置为"833"，如左下图所示。

STEP 12：创建传统补间动画。在第 5 帧和第 35 帧之间创建传统补间动画。新建图层 4，将图层 4 拖动到最底层，暂时将图层 1～图层 3 隐藏显示，如右下图所示。

 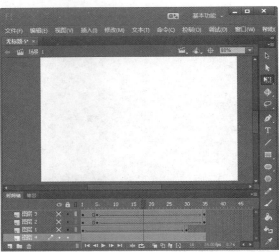

STEP 13：设置矩形工具属性。将舞台颜色设置为黑色，在工具箱中选择"矩形工具"，在"属性面板"中将矩形选项栏的"边角半径"设置为"20"，将"笔触"设置为"无"，将"填充颜色"设置为任意颜色，如左下图所示。

STEP 14：绘制矩形。在舞台上绘制矩形，在"属性"面板中将"宽"设置为"540"，"高"设置为"390"，如右下图所示。

 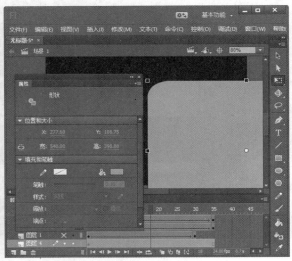

STEP 15：对齐形状。打开"对齐"面板，勾选"与舞台对齐"复选框，然后单击"水平中齐" 和"垂直中齐"按钮，如左下图所示。

STEP 16：拖入图片。新建图层5，将图层5拖动到图层4的下方，在"库"面板中将"LPLZP01.jpg"拖动到舞台中。选择图片，按下"F8"键打开"转换为元件"对话框，将

## 第16章 贺卡制作

"名称"设置为"图片01",将"类型"设置为"图形",如右下图所示。完成后单击"确定"按钮。

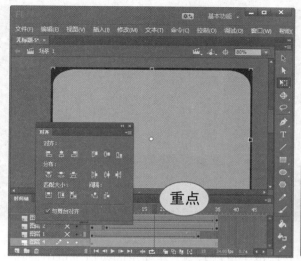

**STEP 17**:设置图片位置。选择"图片01"图形元件,在"属性"面板中将"X"设置为"246",将"Y"设置为"171",如左下图所示。

**STEP 18**:设置图片位置。选择图层5的第50帧,按下"F6"键插入关键帧,选择"图片01"元件,在"属性"面板中将"X"设置为"304",将"Y"设置为"229",如右下图所示。

**STEP 19**:插入帧。选择图层4的第50帧,按下"F5"键插入帧,如左下图所示。

**STEP 20**:创建传统补间动画。执在图层5的第1帧和第50帧之间创建传统补间动画,如右下图所示。

 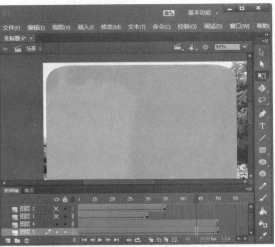

STEP 21：**设置遮罩层**。选择图层4，然后单击鼠标右键，在弹出的快捷菜单中选择"遮罩层"命令，如左下图所示。

STEP 22：**显示图层**。将图层1~图层3显示，如右下图所示。

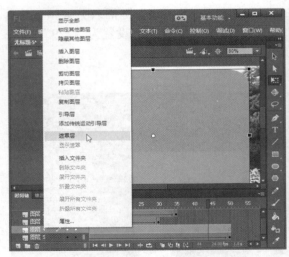 

STEP 23：**设置亮度**。将图层5解除锁定，选择该图层的130帧，按下"F6"键插入关键帧，在舞台上选择"图片01"元件，在"属性"面板中将"样式"设置为"亮度"，将"亮度"设置为"0"，如左下图所示。

STEP 24：**设置亮度**。选择图层5的第145帧，按下"F6"键插入关键帧，选择"图片01"的图形元件，在"属性"面板中将"亮度"设置为"100"，如右下图所示。

# 第 16 章 贺卡制作

 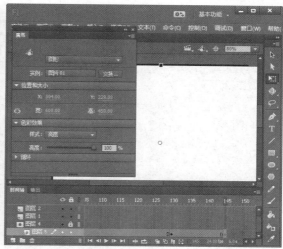

**STEP 25**：**创建补间动画**。在第 130 帧与第 145 帧之间创建传统补间动画，如左下图所示。

**STEP 26**：**插入帧**。选择图层 4 的第 145 帖，按下 "F5" 键插入帧，如右下图所示。

 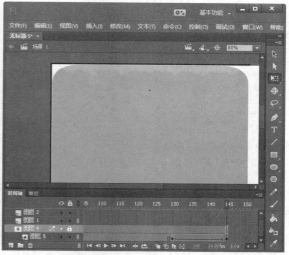

**STEP 27**：**设置矩形属性**。选择图层 3，新建图层，将该图层命名为文字 1 图层，选择第 50 帧，按下 "F6" 键插入关键帧，选择 "矩形工具"，在 "属性" 面板中将 "边角半径" 设置为 "0"，将 "笔触" 设置为 "无"，将 "填充颜色" 设置为 "#666666"，然后在场景中绘制矩形，在 "属性" 面板中将 "宽" 设置为 "225"，将 "高" 设置为 "48"，如左下图所示。

**STEP 28**：**创建文本**。选择 "文本工具"，在场景中输入文字，然后选中输入的文字，在 "属性" 面板中设置字体样式，如右下图所示。

337

STEP 29：**设置对齐样式**。选择绘制的矩形和文字，在"对齐"面板中，取消勾选"与舞台对齐"复选框，在"对齐"选项组中单击"水平中齐"按钮 和"垂直中齐"按钮 ，如左下图所示。

STEP 30：**转换为元件**。按下"F8"键打开"转换为元件"对话框，在该对话框中将"名称"设置为"文字1"，将"类型"设置为"图形"，如右下图所示。设置完成后单击"确定"按钮。

STEP 31：**设置 Alpha 值**。在"属性面板中，将"X"设置为"-115"，将"Y"设置为"45"，将"样式"设置为"Alpha"，将"Alpha"值设置为"0"，如左下图所示。

STEP 32：**设置 Alpha 值**。选择文字1图层的第70帧，按下"F6"键插入关键帧，在"属性"面板中将"X"设置为"216"，将"Y"设置为"45"，将"Alpha"值设置为"100"，如右下图所示。

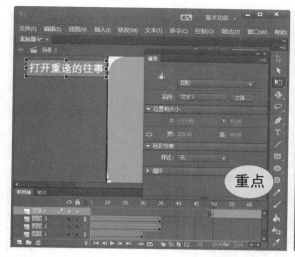 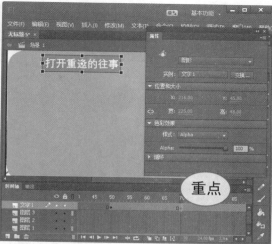

STEP 33：**创建补间动画**。在第 50 帧和第 70 帧之间创建传统补间动画，如左下图所示。

STEP 34：**设置 Alpha 值**。在文字 1 图层的第 105 帧处添加关键帧，然后在第 120 帧处添加帧，选择"文字 1"图形元件，在"属性"面板中将"X"设置为"308"，将"Y"设置为"111"，将"Alpha"值设置为"0"，如右下图所示。

STEP 35：**创建补间动画**。在第 105 帧与第 120 帧之间创建传统补间动画，如左下图所示。

STEP 36：**设置 Alpha 值**。选择图层 3，然后新建图层，将新图层命名为文字 1 副本，在第 70 帧处添加关键帧，打开"库"面板，在该面板中将"文字 1"元件拖动到舞台中，在"属性"面板中将"X"设置为"216"，将"Y"设置为"45"，将"样式"设置为"Alpha"，将"Alpha"值设置为"100",如右下图所示。

STEP 37：设置 Alpha 值。在"文字 1 副本"图层的第 80 帧添加关键帧,在舞台中选择该图层的"文字 1"元件,在"属性"面板中将"X"设置为"240",将"Y"设置为"75",将"Alpha"值设置为"0",如左下图所示。

STEP 38：创建补间动画。在第 70 帧和第 80 帧之间创建传统补间动画,如右下图所示。

STEP 39：创建新元件。按下"Ctrl+F8"组合键,在弹出的对话框中将"名称"设置为"矩形",将"类型"设置为"图形",如左下图所示。完成后单击"确定"按钮。

STEP 40：设置矩形属性。在工具箱中选择"矩形工具" ,在舞台上绘制矩形,在"属性"面板中将"宽"设置为"50",将"高"设置为"400",在"对齐"面板中勾选"与舞台对齐"复选框,然后单击"水平中齐" 和"垂直中齐"按钮 ,如右下图所示。

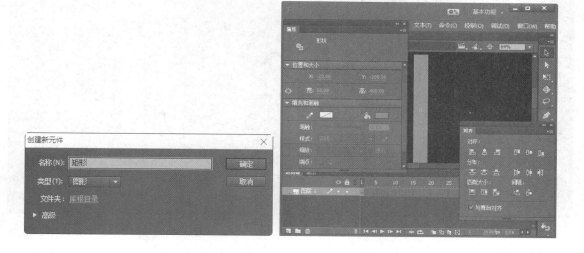

**STEP 41**:**设置元件位置**。按下"Ctrl+F8"组合键,在弹出的对话框中将"名称"设置为"过渡矩形动画",将"类型"设置为"影片剪辑",单击"确定"按钮。打开"库"面板,将矩形拖动到影片剪辑中,在"属性"面板中,将"X"设置为"-250",将"Y"设置为"0",如左下图所示。

**STEP 42**:**设置 Alpha 值**。在第 10 帧按下"F6"键插入关键帧,选择该帧的元件,在"属性"面板中将"样式"设置为"Alpha",将"Alpha"值设置为"0",将"宽"设置为"20",如右下图所示。

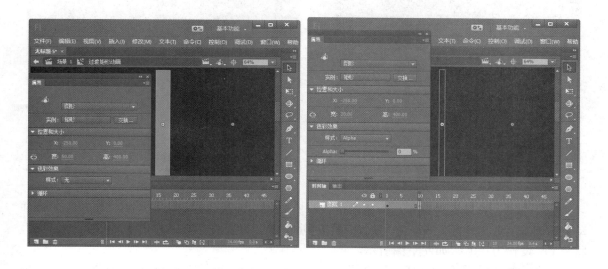

**STEP 43**:**创建补间动画**。在第 1 帧和第 10 帧之间创建传统补间动画,如左下图所示。
**STEP 44**:**设置元件属性**。新建图层,将矩形元件拖动到舞台中,然后在"属性"面板

中将"宽"设置为"70",将"X"设置为"-190",将"Y"设置为"0",如右下图所示。

STEP 45：设置 Alpha 值。选择第 5 帧,按下"F6"键插入关键帧,选择第 15 帧,按下"F6"键插入关键帧,选择元件,在"属性"面板中将"宽"设置为"40",将"样式"设置为"Alpha",将"Alpha"值设置为"0",如左下图所示。

STEP 46：创建补间动画。在第 5 帧和第 15 帧之间创建传统补间动画,如右下图所示。

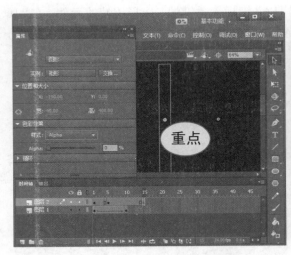

STEP 47：设置元件属性。新建图层,打开"库"面板,在该面板中将"矩形"元件拖动到舞台中,选择矩形元件,在"属性"面板中将"宽"设置为"100",将"X"设置为"-105",将"Y"设置为"0",如左下图所示。

STEP 48：设置 Alpha 值。选择第 10 帧,按下"F6"键插入关键帧,选择第 20 帧,按下"F6"键插入关键帧,在"属性面板中将"宽"设置为"60",将"样式"设置为"Alpha",将"Alpha"值设置为"0",如右下图所示。

## 第 16 章 贺卡制作

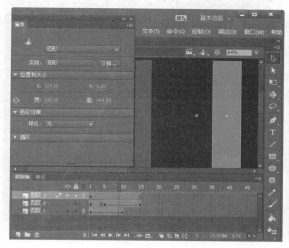 

STEP 49：**创建补间动画**。在第 10 帧与第 20 帧之间创建传统补间动画，如左下图所示。

STEP 50：**设置其他动画**。使用相同的方法设置其他动画，设置完成后效果如右下图所示。

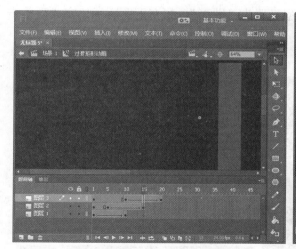 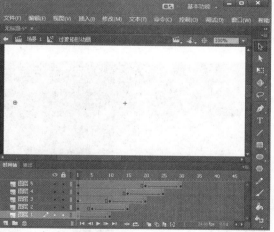

STEP 51：**设置对齐方式**。返回场景 1，选择图层 5，单击"新建图层"按钮，选择新图层的第 145 帧，按下"F6"键插入关键帧，打开"库"面板，将"过渡矩形"动画影片剪辑拖动到舞台中，打开"对齐"面板，勾选"与舞台对齐"复选框，然后单击"水平中齐"按钮 和"垂直中齐"按钮 ，如左下图所示。

STEP 52：**插入帧**。选择新图层的第 174 帧，按下"F5"键插入关键帧，选择图层 4 的第 174 帧，按下"F5"键插入帧，然后锁定图层 8，如右下图所示。

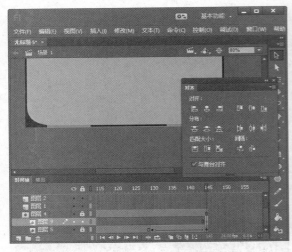
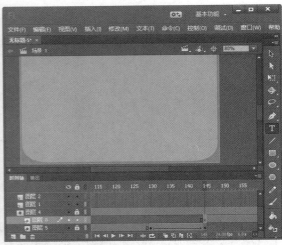

STEP 53：**设置变形**。选择图层5，单击"新建图层"按钮，新建图层9，选择图层9的第145帧，按下"F6"键插入关键帧，打开"库"面板，在该面板中将"LPLZP02.jpg"拖动到舞台中，打开"变形"面板，将"缩放宽度"和"缩放高度"都设置为"120"，如左下图所示。

STEP 54：**转换为元件**。选择图片，按下"F8"键打开"转换为元件"对话框，在该对话框中将"名称"设置为"图片02"，将"类型设置为"图形"，如右下图所示。完成后单击"确定"按钮。

STEP 55：**设置元件位置**。确定元件处于选中状态，在"属性"面板中将"X"设置为"246"，将"Y"设置为"196"，如左下图所示。

STEP 56：**设置元件位置**。按下"F6"键插入关键帧，选择第195帧，按下"F6"键插入关键帧，在舞台上选择"图片02"元件，将"属性"面板中的"X"设置为"300"，将"Y"

设置为"199",如右下图所示。

STEP 57：**创建补间动画**。在第 174 帧和第 195 帧之间创建传统补间动画,如左下图所示。

STEP 58：**插入帧**。选择图层 9 的第 260 帧,按下 "F6" 键插入关键帧,选择图层 4 的第 260 帧,按下 "F5" 键插入帧,如右下图所示。

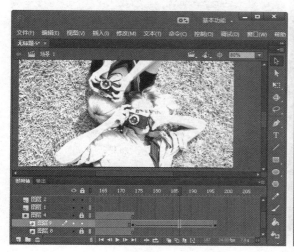
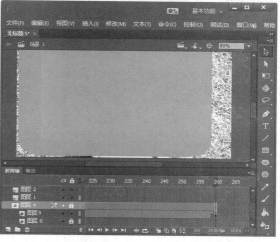

STEP 59：**设置亮度**。选择图层 9 的第 275 帧,按下 "F6" 键插入关键帧,选择元件,在"属性"面板中将"样式"设置为"亮度",将"亮度"值设置为"100",如左下图所示。

STEP 60：**创建补间动画**。在第 260 帧和第 275 帧之间创建传统补间动画,如右下图所示。

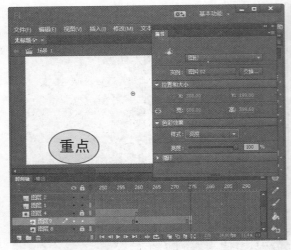

STEP 61：插入帧。选择图层4的第275帧，按下"F5"键插入帧，如左下图所示。

STEP 62：插入帧。将图层9锁定，选择图层8的第275帧，按下"F6"键插入关键帖，然后选择该帧的第175帧，按下"F7"键插入空白关键帧，选择该图层的第304帧，按下"F5"键插入帧，选择图层4的第304帧，按下"F5"键插入帧，如右下图所示。

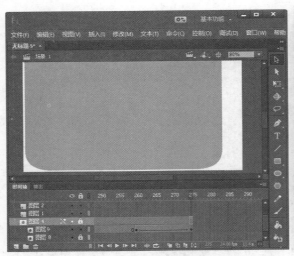

STEP 63：制作其他图层。使用相同的方法制作其他图层的动画，如左下图所示。

STEP 64：创建新元件。在按下"Ctrl+F8"组合键，打开"创建新元件"对话框，设置"名称"为"矩形动画"，将"类型"设置为"图形"，如右下图所示。完成后单击"确定"按钮。

第 16 章 贺卡制作

**STEP 65**：设置 Alpha 值。打开"库"面板，将"矩形元件"拖动到舞台中，在"属性"面板中将"宽"设置为"4"，将"X"设置为"-268"，将"Y"设置为"0"，将"样式"设置为"Alpha"，将"Alpha"值设置为"20"，如左下图所示。

**STEP 66**：设置元件位置。选择该图层的第 15 帧，按下"F6"键插入关键帧，在"属性"面板中将"X"设置为"-31"，如右下图所示。

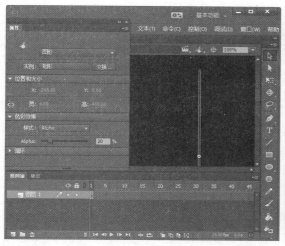
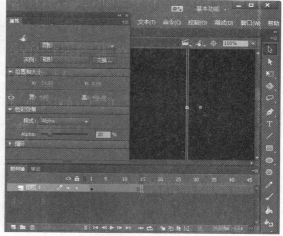

**STEP 67**：设置元件位置。在第 1 帧和第 15 帧之间创建传统补间动画。选择第 30 帧，按下"F6"键插入关键帧，在场景中选择元件，在"属性面板中将"X"设置为"-222"，如左下图所示。

**STEP 68**：创建传统补间。在第 15 帧和第 30 之间创建传统补间动画，如右下图所示。

347

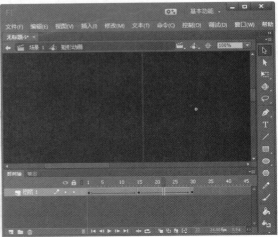

STEP 69：设置 Alpha 值。新建图层，打开"库"面板，将"矩形"元件拖动到舞台中，在"属性"面板中将"X"设置为"-6"，将"Y"设置为"0"，将"样式设置为"Alpha"，将"Alpha"值设置为"20"，如左下图所示。

STEP 70：设置元件位置。选择第 10 帧，按下"F6"键插入关键帧，选择该图层的元件，打开"属性"面板，将"X"设置为"-250"，如右下图所示。

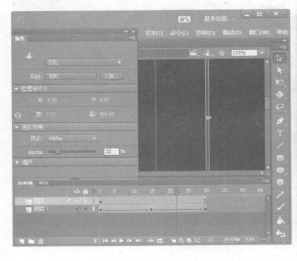

STEP 71：设置元件位置。在第 1 帧和第 10 帧之间创建传统补间动画。选择第 25 帧，按下"F6"键插入关键帧，打开"属性"面板，将"X"设置为"44"，如左下图所示。

STEP 72：创建传统补间。在第 10 帧和第 25 帧之间创建传统补间动画，在第 30 帧处添加关键帧，在"属性"面板中将"X"设置为"-105"，在第 25 帧和第 30 帧之间创建传统补间动画，如右下图所示。

## 第 16 章 贺卡制作

**STEP 73**：**制作其他图层**。使用同样的方法制作其他图层的动画，完成后的效果如左下图所示。

**STEP 74**：**创建新元件**。按下"Ctrl+F8"组合键打开"创建新元件"对话框，将"名称"设置为"圆动画"，将"类型"设置为"影片剪辑"，如右下图所示。完成后单击"确定"按钮。

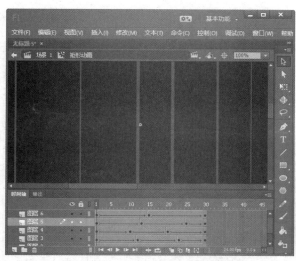 

**STEP 75**：**绘制圆形**。使在工具箱中选择"椭圆工具" ，按住"Shift"键在舞台上绘制圆形，在"属性"面板中将"笔触"设置为"无"，将"填充颜色"设置为"白色"，将"宽"和"高"都设置为"65"，如左下图所示。

**STEP 76**：**转换为元件**。选择绘制的圆形，按下"F8"键，打开"转换为元件"对话框，

349

在该对话框中将"名称"设置为"圆",将"类型"设置为"图形",如右下图所示。完成后单击"确定"按钮。

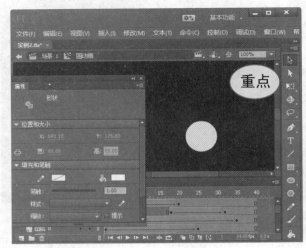
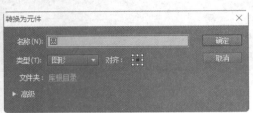

**STEP 77**:设置元件位置。选择"圆"元件,在"属性"面板中将"X"设置为"-202",将"Y"设置为"232",如左下图所示。

**STEP 78**:设置 Alpha 值。选择第 30 帧,按下"F6"键插入关键帧,选择"圆"元件,在"属性"面板中将"Y"设置为"12",将"样式"设置为"Alpha",将"Alpha"值设置为"0",如右下图所示。

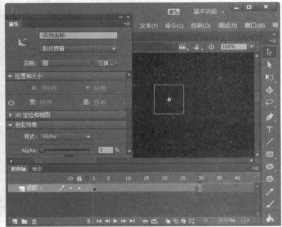

**STEP 79**:创建补间动画。在第 1 帧与第 30 帧之间创建传统补间动画,如左下图所示。

**STEP 80**:设置元件位置。新建图层,选择第 5 帧,按下"F6"键插入关键帧,将"圆"元件拖动到舞台中,在"变形"面板中将"缩放宽度"与"缩放高度"锁定在一起,然后将"缩放宽度"设置为"35",在"属性"面板中将"X"设置为"-126",将"Y"设置为"212",

如右下图所示。

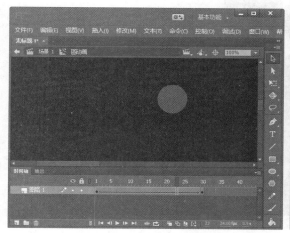 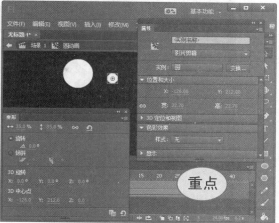

STEP 81：设置 Alpha 值。选择第 35 帧，按下"F6"键插入关键帧，在"属性"面板中将"Y"设置为"-15"，将"样式"设置为"Alpha"，将"Alpha"值设置为"0"，如左下图所示。

STEP 82：创建补间动画。在第 5 帧与第 35 帧之间创建传统补间动画，如右下图所示。

STEP 83：制作其他图层。使用同样的方法制作其他图层的动画，完成后的效果如左下图所示。

STEP 84：设置对齐属性。返回场景 1，选择图层 11，单击新建图层按钮，新建图层 18，打开"库"面板，选择"矩形"动画影片剪辑，将其拖动到舞台中，在"对齐"面板中单击"水平中齐"按钮 和"垂直中齐"按钮，如右下图所示。

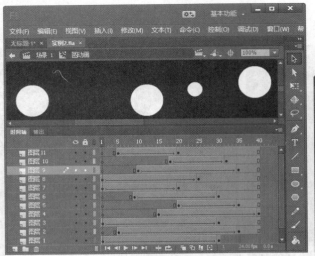
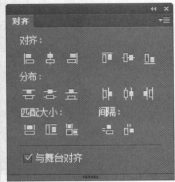

STEP 85：设置元件位置。返回"场景 1"，选择图层 11，新建图层 19，打开"库"面板，将"圆动画"影片剪辑拖动到舞台中，在"属性"面板中将"X"设置为"256"，将"Y"设置为"235"，如左下图所示。

STEP 86：选择模糊选项。确定"圆动画"处于选中状态，单击"属性"面板中的"添加滤镜"按钮，在弹出的下拉菜单中选择"模糊"选项，如右下图所示。

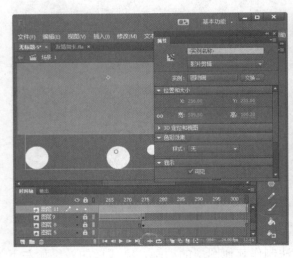

STEP 87：设置模糊值。将"模糊 X"设置为"10"，如左下图所示。

STEP 88：设置模糊值。再次单击"添加滤镜"按钮，在弹出的下拉列表中选择"发光"，将"模糊 X"设置为"10"，将"品质"设置为"高"，将"颜色"设置为"#FFFF00"，勾选"挖空"和"内发光"复选框，如右下图所示。

# 第 16 章 贺卡制作

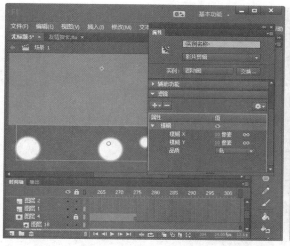

**STEP 89**：**创建新元件**。将图层 18 和图层 19 锁定，按下"Ctrl+F8"组合键打开"创建新元件"对话框，将"名称"设置为"重播"，将"类型"设置为"影片剪辑"，如左下图所示。完成后单击"确定按钮"。

**STEP 90**：**设置文字属性**。在工具箱中选择"文本工具" ，在舞台上输入文字，在"属性"面板中设置文字的属性，如右下图所示。

**STEP 91**：**转换为元件**。选择输入的文字，按下"F8"键打开"转换为元件"对话框，将"名称"设置为"文字 8"，将"类型"设置为"图形"，如左下图所示。完成后单击"确定"按钮。

**STEP 92**：**对齐元件**。选择文字，单击"对齐"面板中的"水平中齐" 和"垂直中齐"按钮 ，如右下图所示。

353

STEP 93：**对齐元件**。选择第 20 帧，按下"F5"键插入帧，然后单击"新建图层"按钮，打开"库"面板，将"文字 8"拖动到舞台中，单击"对齐"面板中的"水平中齐" 和"垂直中齐"按钮 ，如左下图所示。

STEP 94：**设置 Alpha 值**。选择第 15 帧，按下"F6"键插入关键帧，打开"属性"面板，将"样式"设置为"Alpha"，将"Alpha"值设置为"0"，如右下图所示。

STEP 95：**设置缩放**。打开"变形"面板，将"缩放高度"和"缩放宽度"都设置为"135"，如左下图所示。

STEP 96：**创建补间动画**。在第 1 帧和第 15 帧之间创建传统补间动画，如右下图所示。

# 第16章 贺卡制作

**STEP 97**：**设置实例名称**。选择文字 7 图层，新建图层，将其命名为"重播"，选择第 510 帧，按下"F6"键插入关键帧，打开"库"面板，将"重播"影片剪辑拖动到舞台中，在"属性"面板中将"X"设置为"106"，将"Y"设置为"289"。确定元件处于选中状态，将"实例名称"设置为"chongbo"，如左下图所示。

**STEP 98**：**输入代码**。新建图层，选择第 530 帧，按下"F6"键插入关键帧，按下"F9"键打开"动作"按钮，输入如下代码，如右下图所示。

```
stop()
chongbo.addEventListener("click",跳转);
function 跳转(me:MouseEvent)
{
    _channel.stop();
    gotoAndPlay(1);

}
```

355

STEP 99：输入代码。选择新图层的第 1 帧，打开"动作"面板，输入如下代码，如左下图所示。

```
var _sound:Sound=new Sound();
var _channel:SoundChannel=new SoundChannel();
var url:String="F:\\CDROM\\素材\\Cha11\\蓝色的爱.mp3";
var _request:URLRequest = new URLRequest(url);
_sound.load(_request);
_channel=_sound.play();
```

STEP 100：欣赏最终效果。保存文件，按下"Ctrl+Enter"组合键，欣赏本游戏的完成效果，如右下图所示。